我創業，我獨角 no. 5

#精實創業全紀錄，商業模式全攻略 ─────○

UNIKORN Startup ⑤

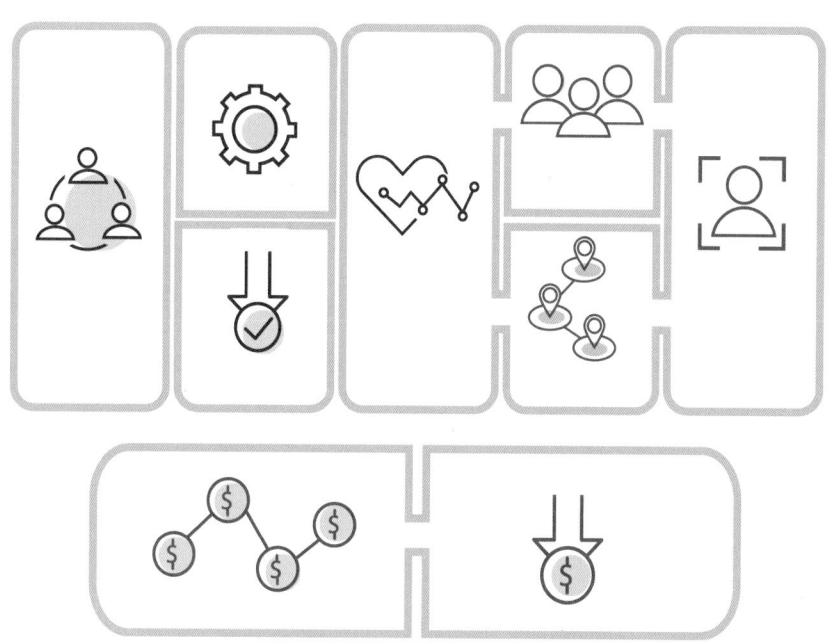

目錄

關於 獨角

獨角文化事全台灣第一個以群眾預購力量，專訪紀錄創業故事集結成冊出版共享平台。

我們深信每一位創業家，都是自己品牌的主角，有更多的創業故事與夢想值得被看見。

獨角文化為創業發聲，我們從採訪、攝影、撰文、印刷到行銷通路皆不收取任何費用。

你可以透過預購書方式化為支持這些創業故事，你的名與留言也會一起記錄在本書中。

序文

「我創業，我獨角」你就是品牌最佳代言人
———— 羅芷羚 Bella Luo

獨角傳媒，對我們來說，它是一個創業者幫助創業者實現夢想的平台！在經營商務中心的過程中，我們常常接觸到許多創業者，其中不乏希望分享自己的品牌/理念/創業故事的企業主，可惜在這個競爭激烈的時代下，並不是每家企業起初創業就馬上做到穩定百萬營收、或是一砲而紅成為媒體爭相報導的對象，大部分的業主常常都是默默地在做自己認為對的事情，直到5年後、甚至10年後，等到企業成功才會被人們看見。在這樣的大環境下，我們發現很少有人願意主動去採訪這些艱辛的創業者們，許多值得被記錄成冊、壯聲頌讚的珍貴故事便這樣埋沒於洪流下，為將這些寶藏帶至世界各地，獨角傳媒在2020春天誕生了！

「每一個人的背後都有一段不為人知的故事」

品牌身處萌芽期之際，多數人看見的是商品，但獨角想挖掘、深究的是創造商品價值的創辦人們。這些故事有些是創辦人們堅持的動力來源，亦或挾帶超乎預期的重大使命感，令我們備感意外的是，透過創作本書的路程中，我們發現許多人只是單純地為了生存而在這片滿是泥濘的創業路上拼搏奮鬥。

因此我們要做的，不單只是美化、包裝企業體藉此提高商品銷售量，我們要做得更多！透過記錄每一位創業家的心路歷程，讓他們獨一無二的故事可以被看見，幫助讀者在這些故事除了商品的「WHAT」，也瞭解它背後的「WHY」！

許多人會有這樣的迷思：「創業當老闆好好喔，可以作自己想作的事，工作時間又彈性，我也要創業。」

然而真的創業之後，你會發現你的時間不再是你的時間，當員工一天是8小時上下班，創業則是24小時待命；員工只要按部就班每個月薪水就會轉進戶頭，創業則是你睜開眼就在燒錢，每天忙得焦頭爛額就為找錢、找人、找資源。讀完這本書後你會發現：創業真的沒有想像中那麼美好。

看到這裡，也許你會問我：「那還要創業嗎？採訪出書要繼續嗎？」

我的答案是：「YES！ABSOLUTELY YES！」

大家知道嗎？目前主流媒體、報章雜誌，或是出版刊物中所看到的企業主其實只佔了台灣總企業體的2%，台灣真正的主事業體其實是中小企業，佔比高達98%！(註)；大型企業及上市櫃公司由於事業體龐大，

自然而然地便成為公眾鎂光燈下的焦點，在這樣的趨勢下，我們所想的是：「那，誰來看見 中小企業呢？」當星系裡的恆星光芒太過強大時，其他星星自然相對顯得黯淡失色，然而沒有這些滿佈夜辰的星星，銀河系又怎麼會如此浩瀚、閃亮？獨角傳媒抱著讓大家看見星河裡的微光(中小企業主)的理念出發，希望給大家一個全新的視角環顧世界。

不可否認的是，初期我們遇到相當多的挫折跟挑戰，但因為有想做的事情，有想幫助創業者的這份信念，所以儘管是摸著石頭過河，我們仍會堅持走對的路，直到成功渡過腳下湍急的暗流。

如果有讀者認為讀了這本書後便能一「頁」致富，那

你現在就可以闔上這本書；獨角在這本書想做到的是透過50個精實成功創業者的真實故事，讓大家意識到所謂的困難其實有路可循，過不去的坎也沒有這麼多，我們希望這些 創業故事能成為祝福他人的寶典！

「我創業，我獨角」它可以是你的創業工具書，或者是你親近創業真實面向的第一步，更讓你有機會搖身一變成為自有品牌最佳代言人，改變就從現在開始！

獨角傳媒，未來會成為一個什麼樣的品牌呢？我們相信它是目前全台第一個擁有最多企業專訪的直播平台，當然未來亦會持續增加；除此之外，我們亦朝著社會企業的方向邁進，獨角近來與國外環保團體合作，推出名為「ONE BOOK ONE TREE一書一樹」的

公益計畫，只要讀者以預購方式支持書籍，一個預購，我們就會在地球種一棵樹，保護我們所處的星球在文明高度發展的仍保有盎然、鮮明的活力。

另外，我們亦將定期舉辦「UBC獨角聚」 —— 一個 B TO B 的企業家商務俱樂部，獨角想打造出一個創業生態系，讓企業之間產生更多的連結、交流與合作契機，不再只是單打獨鬥埋頭苦幹！未來，我們相信這個平台將 持續成長茁壯，也期待有更多被採訪創業故事的台灣創業家，終能走向國際舞台，成為世界級的獨角獸公司以榮耀他們自己的創業品牌，有幸參與此過程獨角傳媒真的備感榮焉！

最後，我要感謝每一位受訪的創業家，謝謝你們傾力

讓世界變得更美好。值此付梓之際，我謹向你們以及
所有關心支持本書編寫的朋友們致以衷心的謝忱！

將一切榮耀歸給主，阿門！

Bella Luo

導讀

「這是最好的時代，也是最壞的時代」

期待在創業路上剛好遇見你

──────── 廖俊愷 Andy Liao

本書收錄超過50家企業品牌組織的創業故事，每個故事都是精實的。不管你是正在創業或是準備創業，相信都能發現你並不孤獨，也許你也會在這當中找到你自己創業靈感。故事的內容總是感性，但真實的商業世界卻常常給我們狠狠的上了幾堂課，世界變動的速度太快，計畫永遠趕不上變化，透過50家企業品牌的商業模式圖，讓你直觀全局，所以在你開始想寫一份50頁的商業計畫書前，也為你自己的計劃先畫上一頁式的商業模式圖，隨時檢視、調整、更新你的商業模式。

本書將每個故事分為四部分，創業故事、商業模式、創業Q&A、影音專訪，你可以照著順序來看這本書，你也可以隨意挑選引發你興趣的行業來看，你甚至可以以每星期為一個周期，週一看一則故事，週二～週四蒐集相關的行業資訊，在週五下班邀請你的潛在合作夥伴一起聚餐，用餐巾紙畫出你們看見的商業模式。

最後用狄更斯《雙城記》做為結尾，「這是最好的時代，也是最壞的時代」。但是，無論身處怎樣的時代，總會有一批人脫穎而出，對於他們而言，時代是怎樣的他們不管，他們只管努力奮鬥，最終成為時代的主流。

期待在創業路上剛好遇見你

Andy Liao

創 Business Story
業故事

1.創業動機與過程甘苦

2.經營理念及產業簡介

3.未來期許與發展潛力

商 Business Model Canvas
業模式圖

以九宮格，直觀呈現出商業模式圖，讓你可以同樣站在與創辦人相同高度綜觀全局

創 Business Question & Answer
業Q&A

透過Q&A的問答，了解商業經營的關鍵和管理方式

影 Video Interview
音專訪

如果你對文字紀錄還意猶未盡，可以拿起手機掃描，也許創辦人的影音訪談內容能讓你找到更多可能性

精實創業

精實創業 人人都是創業家

精實創業運動是提供那些渴望創造劃時代產品的人，是一套足以改變世界的工具。
─── 《精實創業:用小實驗玩出大事業》**The Lean Startup** 艾瑞克 · 萊斯 **Eric Rice**

精實創業是 一種發展商業模式與開發產品的方法，由艾瑞克 · 萊斯在2011年首次提出。根據他之前在數個美國新創公司的工作經驗，他認為新創團隊可以藉由整合「以實驗驗證商業假設」以及他所提出的最小可行產品**(Minimum viable product,**簡稱**MVP)**、「快速更新、疊代產品」**(**軸轉**Pivot)** 及「驗證式學習」**(Validated Learning)**，來縮短他們的產品開發週期。

艾瑞克 · 萊斯認為,初創企業如果願意投資時間於快速更新產品與服務,以提供給早期使用者試用,那他們便能減少市場的風險。 避免早期計畫所需的大量資金、昂貴的產品上架,與失敗。
─── 維基百科,自由的百科全書

你正在創業或是想要創業嗎?

☐ Yes　　　　☐ No

你總是在創造客戶價值,或是優化你的服務?

☐ Yes　　　　☐ No

你試著探索創新的商業模式來影響改變這個世界?

☐ Yes　　　　☐ No

如果你對上述問題的回答為"Yes",歡迎加入我創業我獨角!
你手上的這本書,是寫給夢想家、實踐家,以及精實創業家,
這是一本寫給創業世代的書。

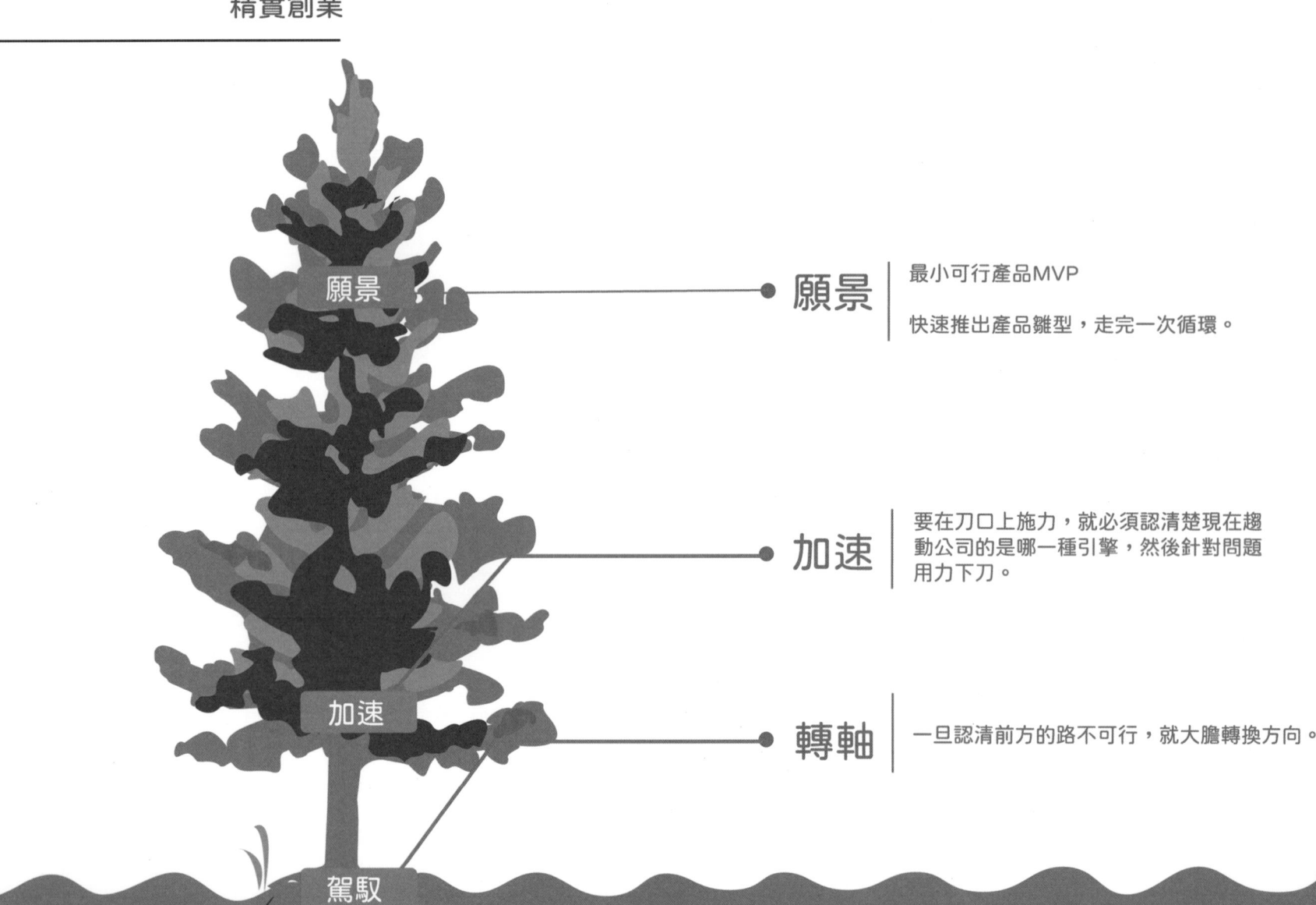

願景 ｜ 最小可行產品MVP

快速推出產品雛型，走完一次循環。

加速 ｜ 要在刀口上施力，就必須認清楚現在趨動公司的是哪一種引擎，然後針對問題用力下刀。

轉軸 ｜ 一旦認清前方的路不可行，就大膽轉換方向。

駕馭　　加速　　願景

加速 3 個成長引擎

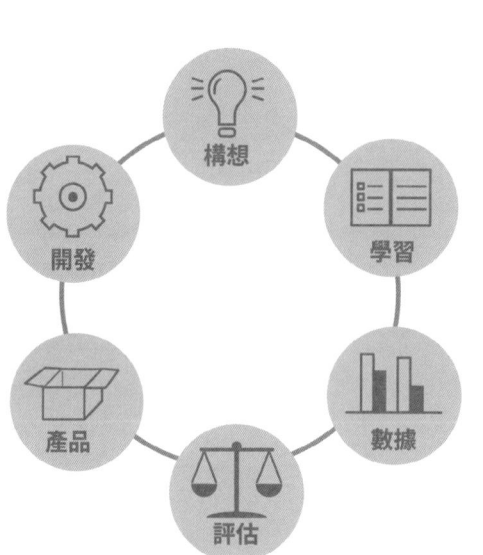

黏著式

病毒式

付費式

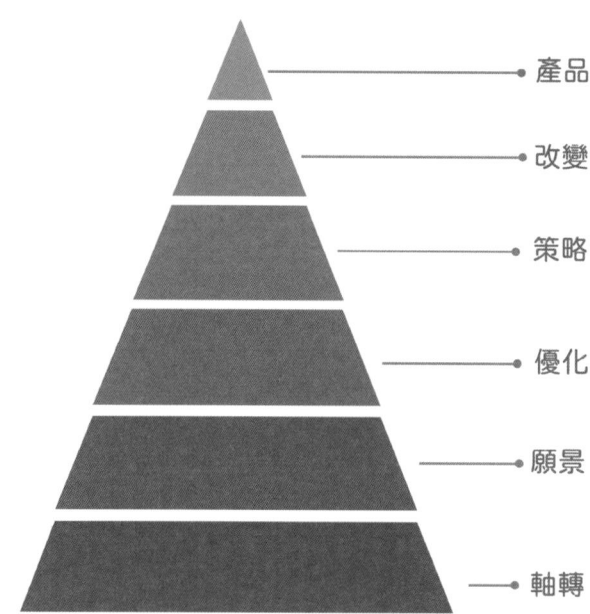
產品・改變・策略・優化・願景・軸轉

商業模式全攻略

重要合作

誰是我們的主要合作夥伴?誰是我們的主要供應商?我們從合作夥伴那裡獲取哪些關鍵資源?合作夥伴執行哪些關鍵活動?夥伴關係的動機:優化和經濟,減少風險和不確定獲取特定資源和活動。

關鍵服務

我們的價值主張需要哪些關鍵活動?我們的分銷管道?客戶關係?收入流?類別:生產、問題解決、平臺/網路。

核心資源

我們的價值主張需要哪些關鍵資源?我們的分銷管道?客戶關係收入流?資源類型:物理、智力(品牌專利、版權、數據)、人力、財務。

價值主張

我們為客戶提供什麼價值?我們幫助解決客戶的哪些問題?我們向每個客戶群提供哪些產品和服務?我們滿足哪些客戶需求? 特徵:創新、性能、定製"完成工作"、設計、品牌/狀態、價格、降低成本、降低風險、可訪問性、便利性/可用性。

顧客關係	渠道通路	客戶群體	成本結構	收益來源
			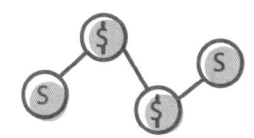	

我們的每個客戶部門都期望我們與他們建立和維護什麼樣的關係?我們建立了哪些?他們如何與我們的其他業務模式集成?它們有多貴?

我們的客戶細分希望通過哪些管道到達?我們現在怎麼聯繫到他們?我們的管道是如何集成的?那些工作最有效?哪些最經濟高效?我們如何將它們與客戶例程集成?

我們為誰創造價值?誰是我們最重要的客戶?我們的客戶基礎是大眾市場、立基市場是細分、多元化、多面平臺。

我們的商業模式中固有的最重要的成本是什麼?哪些關鍵資源最貴?哪些關鍵活動最貴?您的業務更多:成本驅動(最精簡的成本結構、低價格價值主張、最大的自動化、廣泛的外包)、價值驅動(專注於價值創造、高級價值主張)。樣本特徵:固定成本(工資、租金、水電費)、可變成本、規模經濟、範圍經濟。

我們的客戶真正願意支付什麼價值?他們目前支付什麼?他們目前如何支付?他們寧願怎麼付錢?每個收入流對整體收入的貢獻是多少?類型:資產銷售、使用費、訂閱費、貸款/租賃/租賃、許可、經紀費、廣告修復定價:標價、產品功能相關、客戶群依賴、數量依賴性價格:談判(議價)、收益管理、實時市場。

商業模式圖

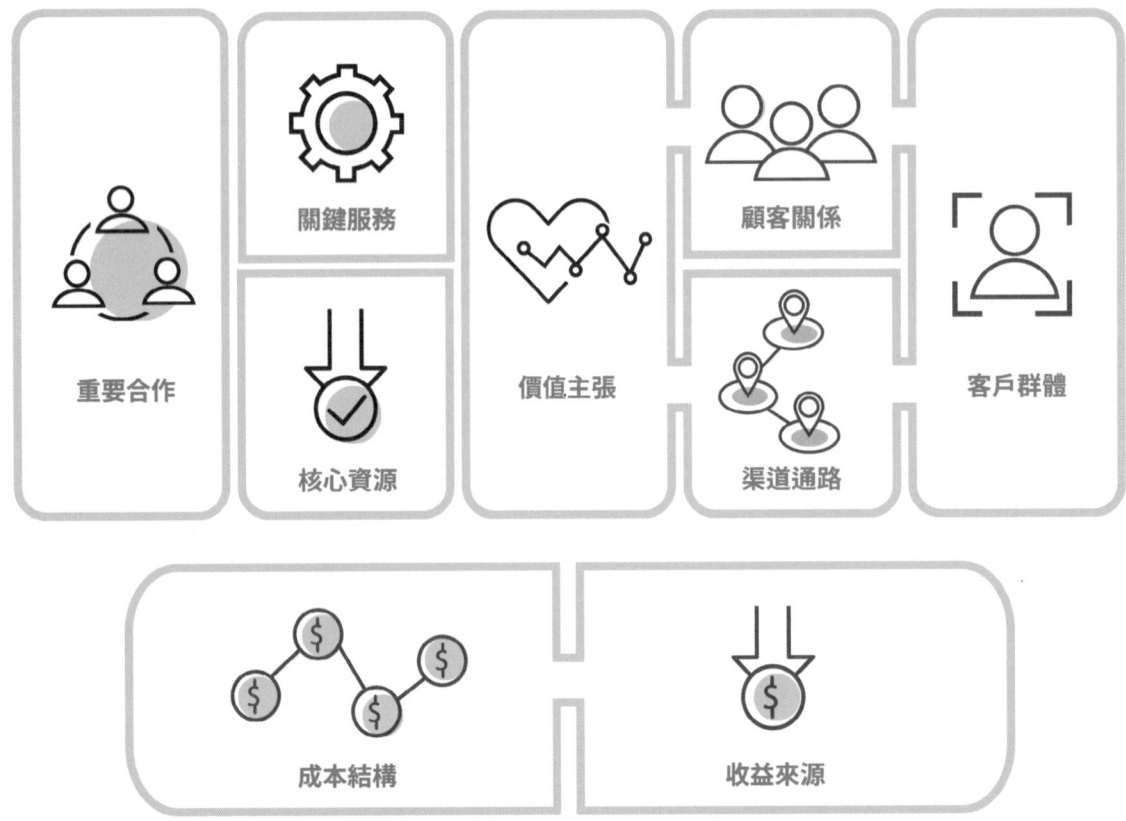

關鍵服務

重要合作

核心資源

價值主張

顧客關係

渠道通路

客戶群體

成本結構

收益來源

99%的商業模式都有人想過　差異是每天進步1%的檢視驗證調整

 **為誰提供** 客戶區隔

 **提供什麼** 價值主張

 **如何提供** 通路通道 (客戶關係)

 **如何賺錢** 收入來源 (核心資源、關鍵活動，主要夥伴，成本結構)

商業模式圖是用於開發新的或記錄現有商業模式的戰略管理和精實創業模板。這是一個直觀的圖表，其中包含描述公司或產品的價值主張，基礎設施，客戶和財務狀況的元素。它通過說明潛在的權衡來幫助公司調整其業務。商業模型設計模板的九個"構建模塊"(後來被稱爲商業模式(圖)是由亞歷山大·奧斯特瓦爾德 [Alexander Osterwalder 於2005年提出的。

——— 維基百科，自由的百科全書

創業TIP

1.幫助企業主本身再次檢視釐清整體商業模式。　2.幫助商業夥伴快速了解企業前瞻與合作可能。　3.幫助一般讀者全面宏觀學習企業經營之價值。

Chapter 1

Chapter 1 目錄

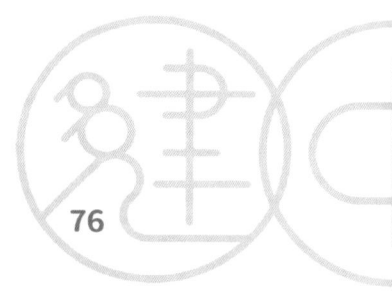

獨角傳媒

羅芷羚 Bella Luo
總監暨共同創辦人

你的創業故事值得被看見，爲你紀錄逐夢背後的酸甜苦辣

每位創業家都是自己品牌的主角，創業故事與夢想值得被看見，獨角力邀各產業代表，以第三人視角專訪記錄各個創業家的奮鬥史，定期舉辦商務聚會，以串聯企業間的交流合作，成為最大創業夢想實現的平台。

看見需求，運用現有資源切出品牌

獨角傳媒的總監暨共同創辦人羅芷羚（Bella）原是經營共享辦公的商務中心—享時空間，空間選址於台中市七期的黃金地段，因此接觸到許多企業主及創業者，發現到他們其實十分希望將自家的商品特色或服務特質推廣給更多人認識，但在草創時期，除了優化產品、研發新品，還要兼顧人才培育及品牌行銷，每個面向都必須付出極大的心力，看在同是身為創業家的Bella總監眼裡，她開始思索是否能運用現有的空間資源來幫助這些企業，進而發掘他們的潛在客戶或廠商。原本經營商業空間的Bella總監已有穩定的進駐企業主資源，她從採訪進駐客戶開始，在粉絲團藉由文章及媒體幫助客戶曝光，並逐漸吸引許多同樣身為企業主的朋友前來詢問，Bella總監也發現到確實有許多企業主有此需求，2020年的春天，Bella總監便正式成立「獨角傳媒」的品牌。

有感於森林大火，
在出版計畫中導入環保議題

現今閱聽者多從電視新聞或周刊報導可以看見知名的大型企業的訪談，不過許多小型企業、或尚處於草創期的新創企業卻不見得能有媒體曝光的機會，Bella總監認為，每一位創業者的故事都是精彩且難能可貴的，不論是何種產業，媒體的曝光不應只是大企業才有的權利，這也是獨角傳媒的成立宗旨——採訪各個企業主的創業故事，不論是白手起家的初次創業者、抑或二代接班者，甚至是經營二、三十年的傳統老店，啟業的動念都意義非凡，若是能透過專訪讓品牌故事更廣為人知，不僅是美好且

1. & 3. 獨角聚暨新書發表會：頒發創業之星獎盃　2. 獨角聚暨新書發表會：企業主上台分享創業故事

4. 獨角聚暨新書發表會：企業主互相交流、彼此分享　5. UBC 獨角聚創業生態圈

6. 一書一樹植樹證明　7. NEXT TAIWAN STARTUP LOGO

具有紀念的，亦可以讓原有的忠實粉絲或顧客更熟悉品牌背後的價值及創業的初心，更是挖掘潛在客戶的渠道之一。Bella總監的創業契機其實很純粹，就是希望讓更多企業的品牌故事可以在市場中曝光，每期精選五十家企業邀約合輯出版，並透過這樣的機會頒予企業主「一書一樹」的公益獎盃，而有此發想是由於2019年至2020年間，一場長達五個多月、震懾全球的澳洲森林大火，這則發人省思的新聞讓Bella總監決定與「One Tree Planted」合作—企業主僅須購買書籍，就能以他的名字在地球上種一棵樹，希望作為文化出版方、能導入環保的議題，讓企業主在參與出版計畫的同時，也能落實公益、為地球盡一份心力。

不僅出版書籍，更與時俱進、多管齊下

「我們的專訪總是免費，你只需要購書來支持我們就可以」是獨角傳媒的核心理念，本著「每個創業者的故事都是美好且值得曝光」的信念，免費讓企業主接受專訪，雖然這樣的標語讓對於獨角傳媒這個品牌還不夠熟悉的企業主心存疑慮，不過這樣的挑戰反倒讓Bella總監更能發現許多企業主其實不滿足於專訪的曝光，因此獨角傳媒也與時俱進延伸了Podcast及網路行銷等的方案服務；書籍除了上架到全台各書局，也會被收藏在國家圖書館裡，Podcast及Youtube也能讓將專訪內容推廣至海外，Bella總監笑言：「未來當人家父母或祖父母的時候，還能帶著孫子們到圖書館一邊看書、一邊話當年！」這亦是她常對企業主說的玩笑話，足見Bella總監與客戶真切且親和的相處，她認為出書不僅是值得驕傲與紀念的事，也是讓客戶看見團隊堅持不懈地對於這件美好的事物付出，更重要的是，能透過最適合企業主的管道，將彼此的合作效益發揮到最大。除此之外，獨角傳媒更乘勝追擊打造全新品牌—「NEXT TAIWAN STARTUP」。

獨角傳媒創造「三贏」局勢

並積極推動數位轉型、啟動「線上企業專訪主播募集計畫」，預計各縣市招募五至八位、全台共百位主播共襄盛舉，透過培訓各地主播進行線上企業專訪，專訪不受地區侷限、觸角更能延伸至各城市，在疫情時期也不間斷地讓更多創業故事有線上曝光的機會，同時也讓主播多一份斜槓收入，共同創造「三贏」局勢。

攜手同業結盟合作、持續成長茁壯

Bella總監說到：「我覺得創業真的不是一般人能做的事情，是要付出非常多心力的，時間都不是自己的。」身為公司的帶領者，在員工下班後仍要費心去思考如何讓團隊更成長、讓內部方案順利運行、公司未來拓展性等等一切的大小事，但背負的使命感讓她奮不顧身勇敢闖蕩，縱然起初不免伴隨著誤解與質疑的聲浪，但目前已累積專訪超過千位企業主，這對獨角傳媒而言無疑是偌大的肯定。

而隨著近幾年台灣的新創產業蓬勃發展、企業輩出，每年都有數以百計的年輕人踏上創業一途，創業者間互相關注及照應是十分重要的；因此獨角傳媒從第一本書開始便有舉辦「商務聚會—獨角聚」！在活動中串連企業之間媒合，也為新創業者建立人脈與資源、找尋合作夥伴或廠商，獨角傳媒與享時空間更攜手全台創業場域一同打造「UBC獨角聚創業生態圈」，囊括台北和仕聯合商務空間、桃園紅點商務中心、台中皇家商務中心、台中七期享時空間商務中心、台南公園大道商務共享中心及高雄晶采共享辦公室皆受邀參與其中，讓企業之間產生更多的連結、交流與合作契機，不再只是單打獨鬥埋頭苦幹！Bella總監說道，關於未來的藍圖團隊布局得很扎實，她目標明確、腳步堅定，她也相信獨角傳媒這個平台將持續成長茁壯，也期待有更多合作的創業家終能走向國際舞台，成為世界級的獨角獸公司。

聚
聚頭
聚落
角聚

獨角傳媒｜商業模式圖BMC

 重要合作

- 享時空間
- 閻維浩律師事務所
- One Tree Planted
- 印刷廠
- 經銷商
- 書局

 **關鍵服務**

- 《我創業，我獨角》系列叢書
- 網路行銷
- 影音上架服務

 **價值主張**

- 共享出版，以客觀的第三方視角紀錄精實的台灣品牌創業故事、九宮格商業模式圖，以精準的眼光看見每個品牌的獲利模式，讓讀者同步體會台灣各個角落、大大小 小品牌的感動。

顧客關係

- 共同協助
- 異業合作

客戶群體

- 企業主
- 工作室
- 各式商家
- 個人品牌
- 新創企業
- 傳統產業
- 二代接班企業

 核心資源

- 創業專訪拍攝
- 創業故事收錄出版
- 獨角聚商務聚會

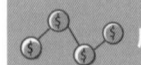 **渠道通路**

- 實體空間
- 官方網站、媒體報導
- Facebook
- Instagram

成本結構

- 人事成本、營運成本、印刷成本、活動費用

 收益來源

服務費用、產品售出費用

創業 Q&A

1.生產與作業管理

在過去專訪1000多家企業主的故事中，不免會有企業主認為獨角傳媒應該要提供數據或是提案！但是我們在做的是企業專訪故事，並不是一間行銷公關公司，我們是一間素材的產生者，更是讓創業者的故事有機會可以收錄在書籍裡，不僅台灣還有曝光到海外市場！我們認為，專訪不是大品牌的專利，只要你是創業者、個人工作室、連鎖品牌、百年老店…都可以來報名獨角傳媒的專訪，讓自己的品牌故事可以被看見！

2.行銷管理

「我們專訪總是免費，你只需要購書來支持我們。」我們每一季會遴選200家企業主，來接受獨角傳媒的專訪，並主動邀請50家企業主收錄在我們的書籍中集結成冊！獨角期待當企業主來接受專訪的時候，可以有別於過往企業只單單曝光自家的商品跟服務，更多的是讓自己的品牌故事成為核心的一環！讓更多粉絲們可以更認識企業的創業心路歷程，進而的愛上自己用心經營的企業品牌！

3.人力資源管理

獨角傳媒未來期待可以在北部跟南部拓點，為了當地企業主專訪的便捷性，我們相信創業的起心動念是一間公司的核心價值，更相信透過跟獨角傳媒的合作，可以讓創業者不僅是單打獨鬥，更是在這個世代的群體戰！一起讓品牌揚名國際！！

創兆生技

羅士傑 Andy Lo
董事長

打造醫療新生態，創造數以兆萬計的可能性

羅士傑，創兆生技的董事長。從小就立志當醫師，在真正成為醫師後才發覺其職業勞力密集程度，加上看到臨床醫學上診斷治療的盲點，他一心想改善醫療生態及醫師就業環境，以更科學的方式彌補醫學上尚未被解決的痛點，創立一個以醫療大數據為主的數據中台公司。

出身不凡、耳濡目染，從小確立志向

羅董事長出生於醫師世家，家族成員中就有多達三十多位的醫師，羅董事長也不例外，從小就立志成為一名醫師；成為醫師後，他涉足基礎醫學、臨床醫學到跨科醫療，他發覺到在臨床工作上即使將醫療技術發揮到最高層級，大多還是單靠經驗去做診斷，也因此許多患者會指定要找經驗老到的醫師看診，但這樣的診斷結果會因醫師當下的情緒、身心狀態、工作環境等等因素而受影響，羅董事長認為這樣的模式不僅會遇到許多盲點、也不夠科學化，為了彌補醫學上還未被解決

的痛點，他便創立了「創兆生物科技」。

台灣優秀的醫療實力一直是有目共睹的，但台灣的醫師相較於國外而言卻屬於勞力密集且相對低收入的職業，醫師在原本高壓的職場環境也無暇再去發揮自己的長才，許多醫療科技機器也因為缺乏專業的背書而無法落地市場，台灣的科技發展也因此停滯不前，這看在羅董事長的眼底盡是滿滿的可惜與擔憂，也是驅使他從醫師走向創業的動機，他認為，若能將醫師的知識萃取出來，讓機器去學習、演算，讓醫

療結合科技、強強聯手，既能減少醫療上的誤差、保障患者得到更好的醫療照顧，也才能改善醫療生態與醫師的就業環境，真正帶動台灣整體的大幅進步。

走在最前端，解決痛點、創造先機

「前瞻跨科、整合健康、創造先機」是創兆生技的經營理念，與坊間開發藥物的生技公司大有不同，而是以醫療大數據為主的軟體型生技公司，並因應5G時代的來臨推動數智化賦能，

1. 倫敦大學學院進修課程演講 2.日本大阪牙醫學會演講 3. 誰語爭鋒錄影 4. 台大創業創新業師經驗分享 5. 隱適美頒獎

6. 看診 7. 好女人Podcast錄音 8. 成大優秀青年校友代表演講

引進DSO—牙科第三方非醫療管理機構—可協助醫師選址開業、內部設備採購及架設、行銷管理、提升服務及維繫顧客關係等醫療顧問服務，並協助老診所轉型、新診所做創新；此外，還透過大量的AI演算做人臉辨識，患者走進診所開始到離開，從患者的動作、眼神、表情等變化得知患者的情緒起伏，適時提供患者關心或諮詢，並結合診所line@推播患者衛教資訊、產品內容或問卷等訊息，史無前例的智慧服務領先坊間的診所，彷彿隨時有專人提供服務，大大改善服務流程，提升顧客好感度。

羅董事長身邊有豐沛的專業醫療資源，除了自己是牙醫師，還有身為中醫師的太太、以及口腔醫學科出身的弟弟，羅董事長從牙科醫學開始推出示範的最小可行性產品(MVP)，並跨領域至運動醫學、精神科、睡眠醫學、中醫、耳鼻喉科等，透過資料分析開發幫助醫師診斷的app及監控患者身心健康狀態的新型穿戴科技，藉由醫療數據做跨科整合，不僅配合醫療診斷、預防突發狀況，真正落實改善國民健康。

轉換身分、調整心態、站穩風口

「有理想也不見得能夠打動人、創業沒辦法只靠熱忱。」羅董事長說道，光有理想也難以支撐夢想，從受雇醫師到創業創立診所、再成為天使投資人並創立生技公司，一路上角色不斷地轉換也同時擁有多種身分，每個崗位面對的考驗大有不同，心態上的適應是一大挑戰。

儘管辛苦，但羅董事長始終沒忘卻他的宏遠夢想成為「牙科領域的特斯拉」，令人驚豔的是，團隊透過醫療數據分析做數據建模，並依據全球人口的資料庫設計的排牙系統，在創立的短短三個月就獲得金控公司的創投MOU、以及能源轉投資的保密協定，目前診所擁有來自全球八個國家的患者，不遠千里、不辭辛勞到診所就診，都足以證明創兆正一步走向風頭浪尖。

明者因時而變，唯有學習能在更迭中求穩

羅董事長坦言，過去、他也曾投資失利而慘賠收場，但他勇於承認失敗，儘管損失不少，卻也因此體認到營運管理的重要性，更順勢就讀EMBA以了解商業模式及公司法的概念，至今也依然繼續精進自我，持續就讀腦科所博士班研讀醫療產業的ip開發，他說到：「創業就是不斷改變的過程。」要跟隨著時代的趨勢不斷地學習，才不會被市場的一片紅海所埋沒。

「存活是本能，活得開心、舒適是我的理想。」、「看到很多患者變得很有自信，整個人由裡到外都變得更健康，是我身為醫療工作者意想不到的幸福感。」羅董事長說，除了創業成功帶來的喜悅，更是在創造更多的可能性、為台灣醫療科技帶來進步的同時，能幫助到更多人所帶來的榮耀感。

(右圖為創兆生技董事長羅士傑)

創兆生技將科技帶進醫療，讓醫療更專業、更省時、更舒適

創兆生技開發的產品，是一個以醫療大數據進行分析的運算平台，此平台的特色是協助在醫療院所的醫療工作者們可以，同時進行非醫療方面的醫療院所營運分析及以醫療方面為主的病患診斷分析。在醫療診斷部分我們專精於醫療影像大數據分析及診斷，並利用演算的開發來減少醫療上人力的負擔和降低時間成本及減少醫源性誤診。**(右圖爲創兆生技，Dental OMO 牙科零售化運營管理系統畫面示意圖)**

営收総覧 Dashboard — DentalOMO

总营收
658,200,000 元 ↓12.0%

= 總來客數
168,000,000 人 ↓12.0%

X 整體客單價
658,200,000 元 ↑12.3%

+ 應收未收金額 ∨
1,200,000 元

DentalOMO

Doctor Lo
Busniess Owner

- 營收總覽
- 分店分析
- 顧客族群
- 醫師診療
- 顧客擷取

- 系統登出

營收總覽

分店營收

Branch 3
■ 營收：8,500

Branch1 Branch2 Branch3 Branch4 Branch5 Branch6

選取日期範圍

整體/分店診所

產品項目營收占比

- Template1(35%) ● Template1(35%)
- Template1(35%) ● Template1(35%)

自費健保項目

- Template1(35%)
- Template1(35%)

營收/來客數/客單價

── 營收 ■ 客單價 ■ 來客數

Aug Sep Oct Nov Dec Jan Feb Mar Apr May Jun

診療數

- Template1(35%)
- Template1(35%)

醫師生產力($)

DentalOMO

顧客總覽

選取日期範圍

整體分店營收

新客 ■ 舊客

4K
3K
2K
1K
0

新客 舊客

新客產品診療數

■ 產品 ■ 產品 產品 產品

9,000

6,000

3,000

0

創兆生技｜商業模式圖BMC

重要合作
- 深義分析 Deep Insight
- 美萌科技 MEM
- 煜興科技 Yousing

關鍵服務
- 牙醫診所開業及轉型
- 隱適美排牙設計
- 醫療管理顧問
- 數位化牙醫管理系統
- 醫療院所開業顧問

價值主張
將醫療與高科技人才與資源強強聯手，藉由醫療與科技的整合產生最大成長的可能性，希望藉由前瞻概念及跨醫療科別的整合治療，創造數以兆萬計的可能性。

顧客關係
- 個人協助
- 共同協助
- 異業合作
- 專案收費
- 訂閱制合作

客戶群體
- 醫師
- 診所或醫院
- 牙科系統商
- 隱形矯正公司

核心資源
- 專業醫療人才
- 專業醫術
- 醫療資源
- 多年產業經驗
- 數位技術

渠道通路
- 官方網站
- 媒體報導
- Line@
- Facebook
- Instagram

成本結構
- 營運成本、人事成本、設備採購與維護

收益來源
服務費用、看診費用、產品售出收益、品牌授權收益、軟體授權收益

Tip：有理想也不見得能夠打動人、創業沒辦法只靠熱忱。　Tip：創業就是不斷改變的過程。

創業 Q&A

1.生產與作業管理

本公司所開發的產品是一個以醫療大數據進行分析的運算平台，初期重點里程碑是以達到建立數位化全方位賦能的口腔醫療服務平臺爲目標，透過提供AI隱形矯正智慧排牙及醫療影像大數據分析協助醫療院所進行數智化轉型以提昇醫療效率與客戶體驗，終極重點里程碑是希望並以數位化矯正醫療爲起點，擴大其周邊整合醫學，致力成爲亞洲最大顏面部醫療大數據中心。

2.人力資源管理

建立團隊共識是團隊第一步。傑出團隊的顯著特徵，便是具有共同的願景與目的。未來一年內重點在於發展現有團隊成員的個人優勢，讓員工彼此發揮所長，處理不同事務，並做好自己分內的工作。此外會積極針對公司組織上的發展需求招募新血，目前主要規劃以招募AI影像人才，醫療產品經理以及高級軟體工程師爲主，建立下一個階段發展的新團隊。

3.研究發展管理

本公司申請中專利有AI新型排牙系統、AI排牙逆演算法、AI自動分牙系統、AI前牙微笑曲線演算法專利和自動去識別化影像標定系統等專利。且同時在台灣、日本和美國申請專利保護中。同時對於商標也已經商標註冊完成，對目前新開發中的產品預先進行專利保護以建立在生醫領域的護城河，保護研發成果不會在短期被競爭對手所超越。

我獨創角業，
UNIKORN
UNIKORN
UNIKORN
UNIKORN

創兆生技

SCAN ME

▶ LIVE

fb: www.facebook.com/dr.leading

web: www.createtrillion.com.tw

add: 台北市大安區敦化南路一段205號

9樓之三1003室

富足家機構

黃義盛 Eason Huang
董事長

成立培訓機構教導財商和創業概念，打造互利共贏的局面

富足家機構黃總經理，創立富足家機構，透過會員制與教育培訓作為商業模式，並以自身的人生經驗，致力於傳授正確的財商和創業理念，同時以「互利共贏」的經營原則，與合作夥伴分享利潤，創造善的循環，並期許幫助更多人達成財「富」自由、心靈富「足」、成為一家」人。

積極但不心急，遭遇挫折不輕言放棄

黃義盛年輕時曾因被他人詐騙而損失一千多萬，當時的他遇此挫敗後，積極找尋賺錢的機會，同時兼職三份工作，後來發現創業的可行性，於近四十歲時決心創業。黃義盛分享，初期創業屢遭挫折，加上身邊的合作對象和朋友亦不提及創業風險以及應注意之處，使得創業過程只能「如人飲水、冷暖自知」；另一方面，他也發現許多創業的人起初十分積極，但後續遇到不同的艱難狀況時，很多人常因「與一開始想像的不同」而退縮，因此黃義盛成立富足家機構，走入教育培訓

和房地產的領域發展，希望帶給每個人基礎的財商和創業知識，少走冤枉路。富足家這三個字也代表黃義盛所秉持的創業理念—財「富」自由、心靈富「足」、成為一「家」人，讓每個人能夠達成互利共贏的局面。

以教育培訓爲經營核心，傳授財商與創業的理念

富足家機構以房地產投資、都更裝潢為培訓主軸，對黃義盛而言，「互利共贏」是富足家機構最重要的經營原則，因此，富足家機構積極

在其他各領域尋找資源合作機會。而富足家提供的服務以會員制為主，讓會員學習正確的財商與創業觀念、健全個人財務，黃義盛也教導學員，不要因為貪婪或僥倖心態而輕易投入自己的辛苦錢，另一方面，他相信當人們擁有成功的主業後，基於「有土斯有財」的概念，會有購置房地產的需求，因此富足家機構亦提供房地產知識的相關教學。

身為富足家機構總經理的黃義盛，同時也是一名斜槓作家，曾有出版兩本書的經驗。他提到

1. 壽星街合股結案慶功宴 2. 舉辦會員溫馨慶生會 3. 恆好建案，即將完工 4. 會員參觀老師家分享夢想藍圖 5. 國防部漢聲廣播電台專訪黃義盛老師 6. 創辦人暢銷書「財富寄生」簽書會
7.「首例比特幣買房及財商理財規劃翻身年收千萬」三立專訪 8. 帶領會員參觀龍岡建案

，2016年出版<從魯蛇到魯夫的創富之路>的初衷是希望將他的人生經驗紀錄下來，透過這本書分享他的創業之道，讓人們少走冤枉路；而2021年出版的<不被先天困住的財富寄生>，則是希望人們不要像白老鼠一樣，在白老鼠圈內不斷奔跑，賺取微薄的薪資收入，他也指出，這本書主要訴求為傳達掌握人生主導權的重要性，以及人生必備的27種情緒和能力；黃義盛相信，讀者在學習書中的概念後，若創業路上遇到任何問題和狀況，就能運用正確的情緒和解決問題的能力去面對，因此非常值得想要創業的青年閱讀。

盡其所能提供資源，以「投資」的角度幫助學生

經過多年的累積，富足家機構擁有數千名的學員，黃義盛相信，只要願意，並發揮執行力，就能成功達成內心所想，他常與學員說道：「最遠的距離是聽到和做到，你聽到很多理論，但你沒有執行力去實現，那這些知識還是老師的。」在人生這條路上，對於學員的需求或面對的困境，黃義盛表示，他會盡他所能地伸出援手、提供資源，他也分享成功幫助許多學員的經驗，例如，某些學員遇到難題時，富足家機構在初期不一定會像其他機構那般，收取高昂的費用，而是等待學員成功賺錢再分潤，對黃義盛來說，這也是另類的「投資」，並非投資一個項目，而是投資一個人，後來這些投資也讓黃義盛獲得相當多的回饋，他也為此感到自豪。

做好風控及維持專業度爲創業的成敗關鍵

對於創業成功的關鍵，黃義盛分享，每個人都應該做好投資或創業的風險控管，因為每個人擁有的資源有限，無法去嘗試所有的潛在機會，因此如果把風險控管到一定程度，將會有更多嘗試的機會。而針對創業領域，他提到富足家的其他附加服務，如辦公室租賃、創業加速器、協辦補助案申請等等，希望以一條龍的方式，幫助更多人成功創業。

黃義盛表示，創業成功後的經營關鍵在於秉持「互利共贏」的原則，以分享利潤的方式經營，周遭會有越來越多朋友和願意合作的夥伴，這將會形成一個「善」的循環，讓自己在該產業就能夠立於不敗之地，並有餘力參與其他產業的投資。

對於想要創業的年輕人，黃義盛坦言「基本上唯一不變的就是變」，他建議年輕人如果想要嘗試某個領域，應該先以斜槓的角度切入，不應該犧牲本業，必須有一項固定收入來源，因為創業尚需資金執行風險控管、行銷和財務等等，若這些資源沒有跟上夢想，公司只能面臨倒閉，另一方面，他也勉勵，身為老闆應具備一定的專業度，保持不斷學習行銷和財務面知識的心態。

億萬成交系統國際高峰會

時間:2022年8月20日~21日　地點:在臺北矽谷國際會議中心現場

一場重量級的國際演說，美國Live直播千人大會，來自全台上千位學員共同參與，跨足教育培訓譽為財商醫生的黃義盛老師近年來已幫助上千會員、數百家庭財務優化，在房地產領域成為包租公和千萬富翁，老師在房地產深耕多年，已完銷在建工程，平均三年可創造獲利50%~70%，創下從未虧損及年化報酬平均10%~20% 投資佳績!

(左圖照片人物: (左)蕭正崗老師，(中)黃義盛老師，(右) 主辦人林裕峯老師)

富足家機構｜商業模式圖BMC

 **重要合作**

 **關鍵服務**

價值主張

顧客關係

客戶群體

- 【世界第一銷售訓練大師】湯姆.霍普金斯-億萬美元成交系統創辦人

- 教育培訓
- 房地產教學
- 辦公室租賃

- 以教育培訓為核心、房地產為主軸，教導學員正確的財商、創業和房產知識，提供學員所需資源，幫助學員找到正確的路、成功創業

- 會員制教學

- 有學習財商和創業知識需求的客群

 **核心資源**

 **渠道通路**

成本結構

收益來源

- 創業人生經驗與成功理念

- 實體空間
- 線上官網

- 土地、營造及管銷費用

房地產銷售收入、教育培訓服務收入

Tip：「創業成功後的經營關鍵在於秉持「互利共贏」的原則，以分享利潤的方式經營，周遭會有越來越多朋友和願意合作的夥伴，

這將會形成一個「善」的循環，讓自己在該產業就能夠立於不敗之地，並有餘力參與其他產業的投資。」

創業 Q&A

1.生產與作業管理

a. 財商會員人數可到萬人以上，房地產總銷規模可到百億。

b. 獨家商業模式吸引各領域優質人才參與並同時由會員中篩選。

c. 無論是財商或房地產的商業模式都是相對新穎複雜，需要更長的溝通時間。

d. 客戶在財務健檢時需要更透明，這樣才能真正幫客戶在財務上對症下藥。

e. 有，財商不只是了解財務和賺錢，更可以圓夢和做公益。

2.行銷管理

a. 陸海空三種行銷，陸:專業財商教練協助優化財務，海:每月定期舉辦講座，分享如何以財商和房地產套利財富自由，空:以粉絲業、線上課程、各式成功案例分享進行。

b. 不定期更新市場財經、投資資訊及各式成功案例見證。

c.規劃中

d.講座-財務健檢-協助財務優化及資產配置-成交。

3.人力資源管理

a.業務團隊

b.一年內團隊增加一倍以上。

c.了解各團隊領導者需求及特色，規劃快速融合的方案。

d.都是正向積極的業務高手。

e.除了要有基本價值觀也瞭解公司文化，未來也要響應公益。

香腸世家
SAUSAGE
SINCE 1985

王禮鑫 Li- Hsin Wang
總經理暨創辦人

好吃很重要，但更重要的是對得起自己!-香腸世家

王禮鑫，香腸世家的創辦人。1985年創立的「國榮佐料」就以販售香腸、臘肉及醃漬香腸調味佐料聞名，2000年，再創立「安德魯紳企業集團」以生產熟食杯麵、杯粥系列產品為主，王總希望能帶領家族企業再突破、將這份技術傳承下去，在隔年自創品牌-「香腸世家」。

好的原料，就是我們的核心技術

王禮鑫，香腸世家的創辦人。早在1985年前家族所創立的「國榮佐料」就以販售香腸、臘肉及醃漬香腸調味佐料聞名，2000年，再創立「安德魯紳企業集團」以生產熟食杯麵、杯粥系列產品為主，並銷售至一百多所學校福利社；三十幾年以來一直順應台灣人的口味做調整，因此產品的市占率一直都居高不下，口味也早已深植人心，企業的營運十分穩定，王總希望

能帶領家族企業再突破、也想將這份技術傳承下去，便在隔年自創品牌——「香腸世家」。轉換跑道後，王總不想侷限於僅做一般的香腸，他認為，既然已經掌握原料這門核心技術，就可以做出與眾不同的香腸，正巧因應經濟部力推「一鄉一特色」的方針，黑鮪魚季、櫻花蝦季等特產活動也陸續推出，王總便順勢將道地的台灣特產融入香腸，研發一系列黑鮪魚、

櫻花蝦、飛魚卵、墨魚等特別風味的香腸，也逐漸有了香腸世家獨樹一格的雛型。

二十年仍屹立不搖的關鍵是好吃，更要對得起自己

「三心二意」——「專心、用心、良心、善意、誠意」——是香腸世家的經營理念，這不僅是王總相當重視的守則，亦是作為食品廠商理該遵守的基本原則，企劃專員張承庭說道，現

1. 香腸世家-百搭香腸~唯獨創意，線上直播 2. 草地狀元節目採訪香腸世家創辦人 3. 香腸世家參加屏東工策會-大樂展 4. 香腸世家參加南港食品展

5. 香腸世家-創意味系列"剝皮辣椒香腸" 6. 香腸世家-飛魚卵、台灣味、墨魚口味 7. 香腸世家-海鮮味系列"飛魚卵香腸 8. 食品協會評比試吃香腸世家的各式香腸

代人的食安意識高漲，消費時更是在意食品中有無添加劑、是否有食品檢驗合格或認證等等，而香腸世家不僅是擁有國際核准的食品加工廠，每年也都通過ISO及HACCP的考核認證，雖然手續繁縟、但消費者吃得安心健康更為首要責任，「好吃很重要，但更重要的是對得起自己！」王禮鑫創辦人說道，這亦是香腸世家至今近二十年仍屹立不搖的關鍵。

最美的台灣風景，讓我們用味道來儲存這份美好的記憶

「每一口，都是一個鄉鎮的故事」─土地的靈魂蘊藏在地道的美食裡，台灣的鄉鎮，皆有自己獨特的食材，香腸世家致力於「用味道來記憶台灣風景」，和台灣最具在地特色的農漁產品作結合，讓每個鄉鎮、每塊上地，都能藉著『創意香腸』傳遞屬於自己的故事，打造不容錯過的味覺風景，創造出"台灣香腸"的無限可能。在未來，香腸世家也將繼續更深入，更廣闊地發表香腸產業，將新穎且獨特的香腸推向國際舞台，延伸推薦到更多觸角，將自身的才能揮灑得淋盡致。 香腸世家，始終用最新穎的嘗試，給你最熟悉的感動!

不斷創新口味，讓顧客驚喜，讓廠商開創商機

「你的口味，我來打造 與你共好，共創榮耀」——是王禮鑫創辦人一直努力的方向，「為客戶創造驚喜，為廠商開創商機」的共好公司，努力研發各式的美味香腸，至今已有300餘種創新口味，客戶族群遍佈台灣、國外、各地農漁會及各大品牌提供代工服務需求，目前是市面上涵蓋率最高的香腸製造供應商。

香腸世家結合新鮮自然的在地特產，用優質原料大造與眾不同的特色香腸，給消費者充滿好奇的香腸新體驗。同時也幫助在地農民與漁民，以創新通路讓物產發揮更多的可能性，產出新生命和新價值。

香腸世家創造獨特的口感記憶，只有你想不到，沒有我做不到，更讓人回味再三。

製程用心、品質放心、食在安心

香腸世家堅持採用上等溫體豬的「後腿原肉塊」和「天然腸衣」，不用剩餘的零碎肉，不用合成肉，並通過自身實驗室的嚴格檢驗以確保豬肉品質。更以善 意與誠意為出發點，致力研發符合健康概念、不含防腐劑的產品。對於食材的堅持，也是我們好吃最重要的秘訣。

香腸世家│商業模式圖BMC

 **重要合作**

- 農漁會
- 特色小農
- 特色餐廳
- 各大食品業者

 **關鍵服務**

- 一條龍客製化代工

價值主張

- □□驚艷
- 好吃香腸在這家

顧客關係

- 與您共好、共創榮耀

客戶群體

- 好奇的消費者
- 回購的主顧客
- 創造話題需求的商家

核心資源

- 您的口味、我來打造

渠道通路

- 不限形式，想賣香腸都可以

成本結構

- 工廠直營減少中間分潤

收益來源

多樣化代工、
品牌加盟展售

Tip：「三心二意」──「專心、用心、良心、善意、誠意」──是香腸世家的經營理念

Tip：消費者吃得安心健康更爲首要責任，「好吃很重要，但更重要的是對得起自己！」

 創業 Q&A

1.生產與作業管理

香腸世家主要收入來自於特色香腸的代工及銷售，以代工客人的特色作爲共好的基礎，轉變對台灣香腸的認知，並自主開發方便器具，讓不能賣香腸的地方，輕鬆賣香腸。

2.行銷管理

透過各式虛擬及實體的推廣展售，帶動新品風向，並以口口驚艷、賣別人沒有的香腸爲公關訴求，然後循序漸進進入傳統市場。

3.人力資源管理

目前團隊練習雲端辦公室協作，並採用專案管理獎勵模式，期望達到提升30%產能及客戶出貨即時控管能力。

4.研究發展管理

香腸世家是以香腸調味起家的關係，以創意爲突破口，所以關鍵智財大都屬於隱性核心技能，如口味獨特、減少操作困擾、快速代工研發團隊。

5.財務管理

香腸世家獲利模式以共好出發，以幫客人研發，了解客人的客人需求，並建議最省錢的方案，再輔以幾十年的香腸生產銷售經驗，輔導客戶長大，並成爲獲利夥伴。

香腸世家

LIVE

tel: 07-339-2875
line: lin.ee/uk1TB9f
web: www.sausage.com.tw/contact-us.html
add: 高雄市苓雅區三多三路222-1號

貴吐司
KOI集團-TOTOI

潘昱廷 Aaron Pan
國際總部-副總經理

從珍貴食材開始打造，讓吐司華麗升級 –KOI 集團-TOTOI貴吐司

潘昱廷，KOI Group-TOTOI貴吐司副總經理，在茶飲的根基下找出下一個引領台灣飲食標籤的新食品「生吐司」，隨著現代人飲食講究天然，所以在食材上講究最好，也因此造就貴吐司的誕生，期許它可以變成珍貴禮品以及推廣到全世界，讓更多人認識華人飲食。

講究珍貴食材、讓產品搖身一變成珍貴禮品

潘副總經理表示「KOI Group-TOTO貴吐司」是知名手搖飲50嵐(中區)發展出來的餐飲品牌，一款屬於台灣人的生吐司-「貴吐司」，貴吐司採用珍貴的食材去創造，也因此希望是可以將它變成可以當成禮物送給珍貴的人的概念，所以這個「貴」除了贈送給珍貴的人，還有扭轉過去台灣人對於吐司的是「俗胖」意思是便宜的麵包的印象，當時年代生活辛苦，因此以吐司這種便宜的麵包果腹，然而在這個年代更講究養生，因此食材上採用更多天然成份。

潘副總經理從電信業跨入到餐飲界，把餐飲分成「餐」跟「飲」，進而了解消費者的飲食喜好，在大陸餐飲界十多年而後回到台灣，發現台灣的餐飲有很多可以進步的地方。KOI集團基於茶飲的根基及專業的團隊，因此希望創造一個新的領導品牌的團隊，來創造企業第二個生命的曲線。KOI集團在國外有遍布十四個國家，在國外有很多人才，這些人才有天也希望回到台灣，所以需要擴大台灣的版圖廣納海外歸國人才，一起為餐飲共同努力，進而帶動年輕人才去海外，讓海外版圖持續擴大，讓公司人才循環流動。

從茶飲根基發展，找出產品多樣性

潘副總經理說過去KOI集團的成功是對於茶飲的堅持，公司也發現吐司跟茶飲的共同點，好比珍珠加奶茶，把白吐司做成生吐司，再加不同的料，它就變成不同的形式，打開商品多樣性。KOI有個招牌產品「蜜香生吐司」，利用台灣在地小濃的蜂蜜融入生吐司，搭配生吐司原本的彈性跟水潤，口感像蜂蜜蛋糕，相當熱

1. 熊貴吐司車門市logo　2. 草莓貴吐司　3. 香蕉貴吐司　4. 熊貴吐司車　5. 台中勤美誠品門市服務人員　6. 貴吐司頂級生吐司海報　7. 台南貴吐司門市　8. 貴吐司使用珍貴食材製作

銷，在這基礎上公司再研發出不同原料的抹醬，讓貴吐司有機會再造就下一個從華人改變世界飲食的新世代。

拋棄以往成功的包袱從零開始、持續研發華人口味創造歷史的里程碑

潘副總經理說公司有很多成功經驗，但因為這些經驗成為一個包袱，影響進步，所以要自己革命，從零開始，以前的商業模式是從販售價格反推到原料價格，比如假設一條吐司販售壹百元，只能用30%價格來做原物料所以成本即是三十元，如果每個商業都用這樣的邏輯去反推，會發現大家找出來的原料及供應商都一樣，所以公司選擇顛覆作法，先從原物料下去找、去測試並選出最合適的，也因此成品價格無

法以壹百元販售，就必須賣到貳百元甚至更高，但公司對產品的信心源自於對原物料的信心。初期集團內部會有很多爭議，這種價格怎麼賺錢？烘培的資本支出比茶飲大，且貴吐司原料的來源有些是進口的，它必須達到一定的量才能進來台灣，相對於茶飲的小而美快速複製快速獲利完全不同，每當公司開始懷疑貴吐司未來的獲利能力時，也會發現貴吐司的訂單被一搶而空，所以公司前進動力來自於消費者，持續戰戰兢兢去經營這塊市場。公司也突破以往烘培業的既定模式，發展出屬於自己製作產品的方法，研發出麻辣口味、紫薯芋泥口味等生吐司，這些產品背後有很多被浪費淘汰的研發過程，所以消費者可以買到的生吐司都是歷經不斷淘汰的研發過程才上架的。

打開新產品經濟、放遠全世界

潘副總經理表示公司短期計劃將生吐司類從烘培業獨立出來，因此歡迎其他生吐司品牌一起創造並加入並共同打開這個市場，中期目標就是讓KOI貴吐司往海外發展，去挑戰其他國家的麵包的接受度，讓這些國外人更能了解台灣的飲食文化。潘副總經理表示對年輕人來說最大的挑戰是脫離舒適圈，建議年輕的時候，可以去看看更多的世界，打開眼界後會有廣度、有遠度。第二個建議是專注把一件事情做好，從聚焦找到競爭力進而紮根。第三個建議是所有的決策思考做對消費者最有利的決策，把創業人的思維放進消費者的腦袋，再來是把消費者的錢放進公司，就成功了。

貴吐司│商業模式圖BMC

 **重要合作**

- 集團人才
- 食材供應商

 **關鍵服務**

- 販售貴吐司

 **價值主張**

- 採用珍貴的食材去創造，也因此希望這個珍貴原物料製作出來的生吐司是可以賣給認同它價值的人，也將它變成可以當成禮物送給珍貴的人的概念，所以這個「貴」有很多含義，包含食材昂貴造就售價較高以及送禮的對象可以是你的生命當中相當珍貴的人

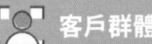 **顧客關係**

- 共同協助

客戶群體

- 喜歡享用養身、天然原物料製成食品的人
- 送禮的人

核心資源

- 公司研發人員
- 公司販售人員

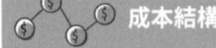 **渠道通路**

- 實體店面販售
- 網路販售

 **成本結構**

- 營運成本、人事成本、設備採購與維護、店租成本、原料成本、研發成本

收益來源

產品售出收益

TIP:食材昂貴造就售價較高以及送禮的對象可以是你的生命當中相當珍貴的人

TIP:這個年代更講究養生，所以食材上使用的相對天然及高級，顛覆台灣人對於吐司即是便宜麵包的既定印象

創業 Q&A

1.生產與作業管理

在【貴吐司】的品牌定位上，也堅守著運用珍貴食材，來生產制作珍貴的烘焙產品，因此我們也在主力商品的「蜜香貴吐司」中融入在地蜂蜜及進口食材，讓貴的概念圍繞在【珍貴】的食材上，也期待發展出珍貴的產品去饋贈給最珍貴的人。

2.行銷管理

「吐司」在台灣人生活當中，扮演著一個不可取代的角色，我們也試圖在許多點位中，就近服務喜好生吐司的族群，所以每個顧客與我們都成為朋友的關係，「熊貴吐司車」每天都會出現在許多公共空間中陪伴著大家，透過生活習慣成為一個常態銷售的循環。

3.人力資源管理

貴吐司在品牌成長的過程也與許多品牌進行異業合作，而在篩選異業合作的對象時，我們更著重在對品質生活的價值觀的一致，因為我們相信唯有對品質有堅持的信念，才是永續經營的根本，所以才會有許多文創品牌甚至到許多知名高級社區(建設公司)以及國際時尚品牌都成為貴吐司的合作對象。

4.研究發展管理

在市場能見度中以及在消費者的口碑傳播中要創造產品的亮點，用產品亮點去支撐品牌的認知，在建立認知的過程更多還是在基本產品中的穩定度去建立消費者的信任感，漸漸這些信任感建立後也才能突破過去對"吐司"廉價的歷史背景(吐司的台語:便宜的麵包)，真正去創造屬於吐司領域的精緻生活。

KOI集團-TOTOI 貴吐司

tel: 04-23802789 fb: totoitoast.tw

email: ann.wei@koicafe.com

web: www.totoitoast.com/

add: 台中市南屯區龍富路四段165號1樓

陸巧因 Mana Lu
創辦人

懂媽媽的心 創立「巧食」生產無添加調理包—巧食

陸巧因（Mana），巧食的創辦人。秉持無雞粉、無味精、無人工增稠劑，全天然無添加的精神，生產即食調理包，讓每個媽媽能快速上菜給孩子吃，健康美味又不須鑽研複雜的成分表，還能導入永續飲食的概念，未來巧食將自己組建工廠，一條龍式把關自家即食調理包。

盼孩子吃得健康，用護理師專業，開創無添加調理包品牌

做過護理師的Mana，因為踏入家庭生兒育女，從職業婦女轉職為全職主婦、張羅孩子一日三餐，發現從備料到料理食材，過程相當不容易，但想買即時加熱的食物，又有許多看不懂的化學成分，種種因素讓Mana決心創業，自己創立調理包品牌——「巧食」。品牌的命名，是因為Mana的名字『陸巧因』，加入食這個字，簡潔明瞭、卻又代表食物精巧，重視食材能在土地友善的概念生產源頭，有高細緻度的概念；簡單兩字，即能帶出產品意涵。

買原料遇困難，真誠打動合作對象

談起創業之初遇到的困難，Mana歷歷在目，初期因為品牌沒有名氣，連購買原料都有困難，廠商不一定會把食材中好的部位賣給尚無知名度的店家，但Mana拿出以前做業務的精神，向一家家廠商介紹巧食，用「真誠」打破買賣方之間的隔閡，用時間證明品牌在市場中的被認可度，Mana以不放棄的精神，建立彼此深厚的信任感。「雖然走過這些困難，但其實當老闆要面對各方壓力，像是我創業第一個夥伴離開公司時，對我打擊相當大。」因為是一人公司，創業前半年一天只睡兩小時，好不容易第一位夥伴到職，Mana自認對待夥伴相當好，但一段時間後夥伴仍選擇離開，讓Mana不斷反思、檢討，學習如何當一位老闆，給夥伴好的指引與方向，豎立原則並不斷指導，直到如今巧食已有三位夥伴，從一人公司到一個團隊

1. 創辦人受邀擔任電視節目評審　2. 巧食冷凍品門市　3.創辦人參加美食節目，示範美食料理　4. 創辦人參加愛的穀力美食祭活動　5.眷村滷牛腱　6.巧食燴鮭魚蛋拌飯　7.紅燒煮軟骨
8.巧食招牌青醬水餃

，過程艱辛不在話下。

家人化身後盾，巧食品質賣出口碑

Mana坦言，能穩固巧食品牌、最大的支持來自於先生，「在創業初期時，我會去訴苦說我遇到的困難，難免情緒激動，卻也讓先生覺得何必讓自己這麼累。」Mana不諱言，想擁有自己的事業、成就感、不同角度的觀點，讓夫妻倆口口吵架，甚至關係降到冰點、處在離婚邊緣，好在兩人沒有選擇放棄婚姻，而是前往諮商、傾聽彼此的心聲；找到相處的方式、歷經大小波折後，先生成了最支持Mana的家人，直到巧食要展店，先生也表示贊同，這樣的轉折，讓她覺得夫妻倆正在一同成長。而最受感動的回饋，則是有購買巧食調理包的媽媽分享，原本孩子不愛吃飯，但嘗試過巧食調理包後，孩子一吃就愛上，且飯開始越吃越多，媽媽看到小孩食慾極佳，幸福感也油然而生；另外也有客人因為對味精過敏，市面上的調理包幾乎都不能食用，直到找到巧食，才發現竟有天然又美味的調理包能解決能解決自己的飲食問題，每個真摯的回饋都讓Mana不忘秉持品牌初衷、有動力再繼續研發產品。

目標永續發展，勉勵年輕人找到熱愛

巧食的短期計畫除了不外乎營運更上軌道以外，也設計了廚藝課程，透過名人或是素人料理家，將食品的好的理念散播出去，讓客人能學會料理；而中期則是希望團隊的組織架構能完善，廣納人才，讓公司日漸成熟，最後則是放眼一條龍生產，組建自己的工廠，將巧食推上永續發展的軌道。而Mana也勉勵想創業的年輕人，要先捫心自問，創業的項目是否為自己內心真正想要，要願意去吸收新知、充實自身內涵，「像我就有取得中餐西餐證照、參加料理比賽節目，這些都是為了讓自己和師傅有更多相同語言去溝通，所以創業者必須兼備不同才能。」Mana說道，若是本身熱愛，才能面對各式各樣的挑戰，勇於往前而不退縮。

巧食｜商業模式圖BMC

重要合作
- 宅配
- 網路商城
- 電子支付
- 原物料商
- 肉商
- 海鮮批發商

關鍵服務
- 各項肉品、湯品、小菜、醬料調理包
- 嚴選海鮮
- 嚴選肉品
- 寶寶飲食

價值主張
- 「巧食 Choice Foodie」以無添加冷凍調理包為主軸，我們堅持無味精、無雞粉、無防腐劑且無人工增稠劑，用食物連結情感，並在享受美味後不再感到口乾舌燥

顧客關係
- 異業合作
- 主動關係
- VIP限購

客戶群體
- 家庭主婦
- 外食族
- 上班族
- 小資族

核心資源
- 中餐、西餐、護理師
- 合格證照
- 多項節目評審經驗
- 餐飲技術
- 餐飲教學經驗
- 美食KOL經營
- 部落格經營

渠道通路
- Facebook
- YouTube
- TikTok
- 官方網站
- 媒體報導
- 廣告合作

成本結構
- 原物料、人事成本、行銷成本、研發技術成本

收益來源
產品售出收益

Tip: 想創業要先捫心自問，創業的項目是否為自己內心真正想要。 Tip: 要願意去吸收新知、充實自身內涵，這些都是為了讓自己和專業者有更多相同語言去溝通。

創業 Q&A

1.生產與作業管理

全系列產品皆為獨家研發，歷經三年口碑效應，也被許多指標性通路與企業看見，目前實體與網路合作夥伴超過十個以上，可以在不同的管道購買到部分的巧食商品。

2.行銷管理

透過自媒體的影響力與創辦人本身為線上藝人等多管道，但最重要回歸還是要產品本質以及生產出有切中消費者的行銷文案與內容，再去做多管道的曝光。

3.人力資源管理

預計再開設實體的餐廳，因此期待團隊人數倍數成長。

4.研究發展管理

擁有自己的中央廚房供給多家自家餐廳。

5.財務管理

擴大營業開設餐廳或設廠，都會需要增資，目前還在規劃中。

我獨角
創業，
UNI ORN
UNI ORN
UNI ORN
UNIKORN

巧食有限公司

LIVE

tel: 02-7713-7816

web: www.choicefoodie.com/

add: 台北市中山區敬業三路162巷210號1樓

銓鍇國際

何鴻汶 Hanson Ho
創辦人暨董事長

協助企業上雲轉型，為資訊人才打造國際舞台—銓鍇國際

何鴻汶（Hanson），銓鍇國際（CKmates）的創辦人暨董事長，是一名技術專才外，也是名連續創業家。看到企業上雲與數位轉型的趨勢，為掌握市場商機，同時協助人才走向國外，創立銓鍇國際，並成為亞馬遜網路服務公司（AWS）的重要合作夥伴，協助企業數位轉型。

連續創業硬底子，面對未知勇於扮演教育家角色

Hanson首次創業在2002年，當時成立電信供應商，提供固網產品，因產品品質良好，受台灣固網延攬，爾後於2011年成立銓鍇國際，成為連續創業家。公司創立前期主力業務為地端與資安相關服務，2012年，他認知到雲端應用將成為企業未來趨勢，因此開始積極與AWS聯繫，並成為AWS在台灣首位合作夥伴。由於當時多數企業仍採用地端設備並自建機房，對雲端了解不足，因此Hanson積極拓展市場外，還必須擔任客戶的「教育家」，當中辛苦不言而喻。

從地端到雲端，協助客戶快速數位轉型

在品牌核心理念上，Hanson不將公司定位為「企業的IT供應商」，而是「企業的雲端數位長」，站在客戶營運流程的角度思考，除考慮時程、效益、預算外，同時也思考如何以服務促使客戶內部資訊流通，降低營運溝通成本，使客戶專注於商業模式上。身為兼具雲端與地端技術人才的混合雲服務的領導者，CKmates 需以客戶為先，在考量多數台灣客戶的實際應用後，Hanson並不鼓勵客戶將所有項目上雲，如物聯網設備、邊緣運算

在地端上運行較具效益，因此客戶能針對個別需求進行客製化服務。以中小企業客戶而言，由於業者缺乏IT環境與專責人員，較無能力購買整套IT系統，透過雲端服務彈性調配IT資源，能快速擴充中小企業突發性的IT資源需求，將IT基礎架構託管給CKmates，客戶則能專心耕耘市場商機。

面對三大打擊，練就抗逆應變的堅韌精神

Hanson創業遭遇的第一大挫折為與另一位合

1. 銓鍇國際高層主管 2. 高雄分公司業務團隊 3. 銓鍇國際週年派對活動 4. 台北總公司各單位員工代表 5. 銓鍇國際活動攤位展出 6. 2022獲原廠AWS年度最佳服務夥伴獎
7. AWS 南台灣雲端產業論壇 8. 2022 獲金峰獎十大傑出企業殊榮

夥人在市場與資金運用的理念不同，最終拆夥。由於兩人專長不同，因此Hanson必須一肩扛起業務擴展、行銷、行政、財務等項目。面對打擊，他將心態調整為「放到一邊」，意即每次開發客戶不以成交為首要目的，先聽取客戶反饋吸取經驗，再繼續開發下一家客戶。第二大挫折為新創在微幅成長時資金運用的取捨。Hanson在創業前三年半不但未領取一分薪資，反而將營收投入至技術單位與市場拓展上，原因在於資訊服務產業的變化極快，稍有落後即可能被淘汰，導致後續難以達到規模效應。第三大挫折為人才流失。在公司資源有限、以及人才追求更好發展的情況下，一味提供更好薪資與職位，對公司而言並非長久之策。面對

如此挑戰，Hanson認為完善的「願景」與「制度」才是企業的關鍵留才要素，願景能鼓勵員工與公司一同成長；而制度則是涵蓋完整培訓機制，在專業技能與軟實力上都能有所獲得。

重視人才成長，在現實與願景中尋找平衡

在公司規劃上，Hanson希望短期內公司能提供一站式服務，透過垂直整合，提供資安與顧問服務；中長期則希望能走出國內，跨足東南亞與亞洲，甚至打入美國或歐洲市場，讓台灣人才能在國際發光發熱。他也提及公司是人才培育中心，而自己則扮演一位教育家，面對即將離職的員工，他更在意的是員工是否在原公司獲得能力，幫助自己接軌至下一份事業，甚至能前往原廠與國際大廠發展。

Hanson指出，公司在人才培育的三大重點為「願意」、「自學」、「責任感」。在面對全新商業環境中，員工願意學習、挑戰自我，主動了解新技術、領域知識；此外，也需要具備團隊合作意識，將團隊成長置於個人利益之上。最後，Hanson鼓勵年輕人若要創業，必須有堅定毅力與決心，創辦人不能只待在熟悉的環境，即便有自身所長，在進入市場後會發現理想與現實的巨大落差，因此發展差異化策略非常重要，而要差異化，則必須回歸到現實面的資金投入；一如他認為，「沒有傘的孩子在雨中自己會成長」，創辦人能否在前1-2年不支薪，全力投入公司發展，同時面對挫折時能繼續堅持，才是創業成功的關鍵。

銓鍇國際 | 商業模式圖BMC

 **重要合作**

- AWS
- VMware
- Veeam
- 精誠資訊
- NetApp
- Radware

 關鍵服務

- 專案委託
- 網路規劃
- 系統整合
- 資安顧問
- 雲端遷移
- 主機託管

 **價值主張**

- 建立技術核心地位與整合多方資源，為客戶量身打造雲端架構，協助企業上雲，成就數位轉型

顧客關係

- 專案合作
- 異業交流

客戶群體

- 製造業
- 電商零售
- 生技醫療
- 社群媒體
- 學術機構
- 影音娛樂

 **核心資源**

- AWS認證合作夥伴
- 技術人才

渠道通路

- 直接銷售
- B2B行銷

成本結構

- 營運成本、人事成本、設備採購與維護

收益來源

專案收入、
維運服務收入、
顧問收入

Tip： 教育事業不只是商業行為，必須投入滿滿的熱忱以維持「不忘初衷」。

Tip： 願景的溝通是創造終極信任的必要。

創業 Q&A

1.生產與作業管理

銓鍇國際(CKmates)致力於成為企業的雲端數位長，與客戶站在同一個視角去解決現在的問題、未來可能發生的問題，最重要的是替客戶防患未然，從趨勢、市場發展提供客戶建議，將客戶的事情當成自己的事情，成就客戶暨成就 CKmates。

2.人力資源管理

CKmates 以二類電信起家，本身擁有三個機房，提供客戶主機代管、頻寬租賃服務，成立 NOC 團隊，提供 24 小時的障礙排除維修服務，擁有雲端市場超過10年經驗，擁有一群專業雲端架構師，協助客戶雲端搬遷、架構優化、AI、Machine learning、大數據分析，資安等各產業服務經驗。

3.研究發展管理

銓鍇國際 CKmates 致力於提供 IT 系統基礎建設、雲端架構規劃、系統整合、資料中心的建置維運、資安控管等服務，擁有多元的產業經驗，協助不同產業數位轉型、優化營運，包含遊戲業、娛樂、電商、製造業、教育科技。身為企業的雲端數位長，我們秉持「站在客戶角度思考、深入產業痛點、提供最適切解決方案」的精神，為企業設身處地規劃一切，CKmates 團隊擁有最具經驗、實力的顧問和工程師，協助企業進行雲端遷移、資安控管和系統整合優化，全天候提供企業客戶不中斷的雲端專業服務。

銓鍇國際

tel: 02-7729-0880

web: www.ckmates.com

add: 新北市中和區中正路700號5樓

ST∆RTEK

明星電控

鍾菀婷 Winifred Chung
創辦人兼執行長

開放式的風格是未來設計的主流-明星電控STARTEK

鍾菀婷（Winifred），明星電控STARTEK的創辦人兼執行長。早在大四時就曾投入教育相關創業，她創立「夢想學院」- 幫助大學新鮮人探索獨特的自我，找尋自己的發展及職涯方向，Winifred畢業後，進入科技產業，接觸到電控玻璃產業，她將傳統與創新作結合，導入了科技製成和液晶材料，製作獨一無二的智能居家的空間，2022年獨步業界設立「明星電控空間美學體驗場域」，於台北亮相。

以人爲本、創新、永續

鍾菀婷（Winifred），明星電控STARTEK的創辦人兼執行長。早在就讀大四時就曾投入教育相關創業，她創立「夢想學院」- 幫助大學新鮮人探索自己的獨特性，進而找尋自己的發展領域及職涯方向，亦因為此難忘的經歷讓她發現自己的人格特質偏向於人際型性格，她喜歡活潑的產業且擅於與人來往，縱然是畢業於會計系與法律系，但她沒有選擇所學、反而進入科技產業從事國外業務，Winifred因而接觸到電控玻璃這個產業，並發現到其實此產業橫跨了傳統與創新的領域，在台灣建材屬於傳統產業，但導入了科技製程跟液晶的材料去製作產品，從施工到應用，整個規畫都要很明確，為了提供客戶更好的解決方案及產品，同時教育人才，並把產品發展更好，Winifred創立了「明星電控STARTEK」，並獨步業界創立了「明星電控空間美學體驗場域」於2022年在台北首次亮相，以科技為基底，人性需求為主導，引領智能居家的空間革命，期許品牌能為產業帶來創新及突破，成為明日之星。

大眾對於電控玻璃或許有些許陌生，其實就是透過通電讓玻璃可以在透明與不透明之間轉換，使用傳統的建材，同時導入了創新科技的製程及液晶材料去製作：「以人為本、創新、永續」是明星電控最主要的三大訴求，現代人追求科技進步所以大量使用3C產品，但過度使用反而被產品束縛了，而電控玻璃正好貼近代人的需求，在透明與不透明之間自行選擇切換，既能與人分享、享受透明開放的通透感又能摒除界線的感覺，既能享受個人獨處的空間、又

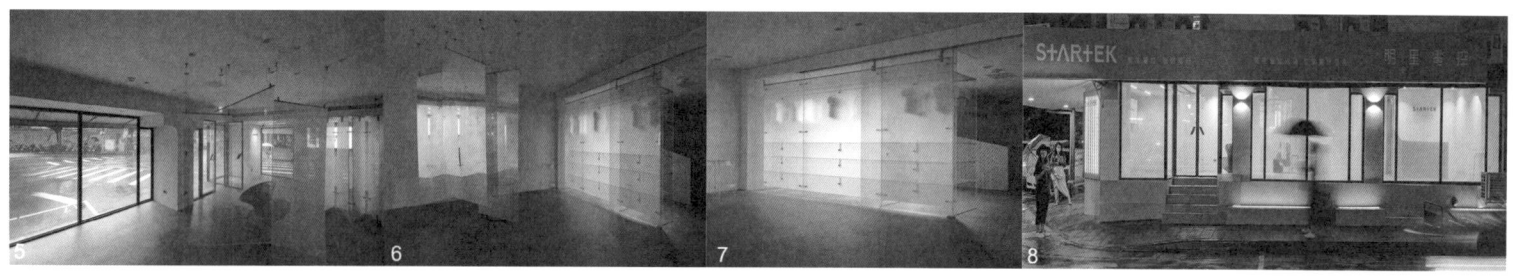

1. 2022年獨步業界設立「明星電控空間美學體驗場域」，於台北亮相 2. 明星電控空間美學體驗場域，自然採光魔幻化妝間 3&4. 明星電控空間美學體驗場域，聰明隱形無框式摺疊門(On & Off)
5.&6. 明星電控空間美學體驗場域，玩色時尚藝術科技屏風 7. 明星電控空間美學體驗場域，不佔空間透明魔術展示櫃 8. 明星電控空間美學體驗場域外觀 (照片出處-李國民攝影工作室)

能保有個人隱私權。

一鍵輕鬆切換開放&隱私的空間

Winifred也分享居家空間多運用在書房跟客廳之間的隔間，平常辦公或家中有小孩子時也方便觀察孩子！但如果有人來家裡拜訪又可具有隱私空間，也有特別的客戶因為想在家中客廳打高爾夫球，投影幕降下就可以模擬在球場的感覺！加入了防彈玻璃技術，讓玻璃被異物碰撞時不會裂開或破裂！其實很多的用戶都希望有居家商業的空間，且需要通透感，讓光線可以進入空間，就算室內空間狹小，即便不是每個房間都有對外窗，光線也可以引入！讓每個空間可獨立，同時又有開放性，辦公空間可以安裝在會議室，既可讓光線進來，會議室卻依然保有獨立、隱私和隔音效果，相信此開放式風格將是未來設計的主流！

把空間的自主權還給擁有者本人

以人為本，Winifred希望能把空間的自主權還給擁有者本人，她也相信這種開放式的風格會是未來設計的主流、用傳統的建材導入最新技術去發展出，更多的應用情境與領域，且產品選用可回收的材質，在創新的同時仍然不忘於地球環境友善盡一份心力。身為結合傳統及創新產業的創業家，Winifred想要的不僅是發展自家產品，她更想將這項技術與相關產業鏈的專業人士一起分享，希望類似的傳統產業不再只是埋首於自己的領域，而是在這商業聯名及合作盛行的時代，彼此多點交流與分享，帶來更多發展的可能性，帶動彼此一起成長茁壯。

熱情動力來源－一定要有自己的願景

Winifred興奮的說到，一定要有自己的願景！因為當你想像一個願景，會讓你在過程中遇到不如意時，還是有力量跟熱情可以繼續前進，Winifred更積極開分享會，非常願意跟產業人士互相學習跟進步，因為通常建材產業相對保守和傳統，大多數的人都是專注在自己的領域埋首發展，但現在是聯名跟合作的時代，如果彼此願意多交流與分享，說不定會帶來更多新的可能與發展，連帶帶動彼此一起提升！

明星電控｜商業模式圖BMC

 **重要合作**

- 玻璃及電控膜加工廠
- 五金配件商

 **關鍵服務**

- 明星品牌日

價值主張

- 智能宅
- 綠建材
- 多功能性
- 一站式施工
- 提升空間利用效率
- 爲室內創造採光

顧客關係

- 年終感恩活動

客戶群體

- 設計師
- 建築師
- 代銷商
- 企業主
- 有裝修需求之業主

核心資源

- 產業知識與供應鏈整合能力

渠道通路

- 線上：
  官網、facebook、
  Instagram、Youtube、
  Accupass
  Line群組
- 線下：
  實體門市參觀、電訪

成本結構

- 變動成本：原物料及施工人力成本
- 固定成本：薪資費用、折舊費用、租金、顧問費、系統軟體費用等。

收益來源

智能科技隔間
安裝施工收入、
租賃收入

TIPS:「以人爲本、創新、永續」是明星電控最主要的三大訴求　TIPS:　熱情的動力來源－一定要有自己的願景

 創業 Q&A

1.生產與作業管理

以住宅空間來說，要取代傳統隔間牆，一般客戶最在意的往往是隔音跟耐衝擊性。在隔音的議題上，我們與國外系統隔間品牌結合，打造最高隔音係數45dB的產品，解決噪音干擾的問題；在衝撞會不會破的議題上，我們的產品已經取得SGS耐衝擊測試數據報告，客戶不用擔心家裡面有孩子意外衝撞會有任何危險甚至導致破裂。

2.行銷管理

明星電控主打兩個重點：1. 電控玻璃科技隔間唯一榮獲國家品牌金鉑獎的榮譽。金鉑獎是非常大的里程碑，因為政府希望協助企業走向國際而設立的獎項。明星電控以ESG切角：安裝無噪音、無粉塵、無氣味，可重複使用與回收等優勢，解決傳統建築產業高污染與耗能的問題。2. 將公設比還給每個居住者。明星電控隔間專用的L系列，與傳統隔間牆相比，不但可以創造37%的空間還給每個使用者，還可以導入採光，同時又可以一鍵切換隱私，是居家隔間很好的解決方案。

3.研究發展管理

明星電控品牌除了商標在開業時已經註冊以外，這幾年也陸續研發了許多配件，同時有多項申請中專利，希望未來創造更多電控玻璃科技隔間的應用場景來服務客戶、建立通路、滿足客戶對空的想像。

我獨角創業，
UNIKORN
UNIKORN
UNIKORN
UNIKORN

明星電控
STARTEK

• LIVE ▶

tel: 0902-390-859
web: startektw.com/
fb: fb.com/STARTEKTW/
add: 台北市松山區敦化北路222巷70號1樓

好剪才髮藝事業

好剪才髮藝事業總部
SUPERCUT HAIRSTYLING ECOSYSTEM

陳亭安 Lane Chen
創辦人

重構職人價值，為美髮業翻轉陳年議題—好剪才髮藝事業

擁有廣告專業背景的髮型師陳亭安，不忍自己曾共事的美髮同事們每月領不到法定最低薪資，決定利用自己的廣告長才來協助大家擁有健康的勞動條件，期望他們的每一步改革，能逐漸解決美髮產業長年總體價值低落的結構性問題，為此她在2015年創立了好剪才髮廊體系。

心痛髮型師助人建立形象 卻無法擁有健康勞動環境

陳亭安國高中的時候對美髮業產生了莫大的熱情，但父母希望他能考上國立大學就讀，並承諾若考上理想學校，大學期間的寒暑假打工，不會限制他選擇行業。他非常努力考上政大廣告系，然後開始去髮廊擔任洗頭助理，邊讀廣告邊學習美髮，在大學畢業前，陳亭安就為了一位髮型設計師。畢業後，陳亭安選擇去奧美廣告工作，直到他聽聞，他過往打工這家有大量藝人與名人客戶的髮廊，竟然還有同事一個月只有八千元的收入。這讓他非常感嘆，髮型

師協助人們在需要轉換形象的時間點，建立光彩的新形象，讓人們有更多能量去面對挑戰，但為什麼卻連基本薪資都沒有辦法擁有？於是陳亭安想用自己在廣告專業中習得的能力，去幫助美髮產業真正的價值能被人們看見、欣賞，也協助髮型師職人們獲得良好薪資，繼續在專業上成長與有所發揮。因此「好剪才」的品牌名稱，有著雙重含義：一個真正適合顧客的髮型，需要有「好人才＋好剪裁」才能成立，他們期待自己是好人才

，能呈現出好剪裁的造型，讓顧客與髮型師都獲得他們所需要的。

社會使命緊扣服務價值 用商業模式實踐理念

有了「創造健康勞動條件」的理念，陳亭安為與髮廊有直接關係的族群，打造了不同的社會使命，這些使命又分別延伸出不同的業務內容，並透過實際的服務、產品與其他商業模式來落實理念，這是好剪才團隊與其他美髮業者最大的不同之處。

1. 好剪才訓練所教室　2. 好剪才髮廊忠孝復興店開幕　3.洗髮前在手掌起泡示意圖　4. 好剪才髮務所-福爾摩沙洗髮凝露系列　5. 好剪才髮務所-百合洗髮凝露300ml　300ml

6. 好剪才髮務所-野菊洗髮凝露300ml　7. 好剪才髮務所-野菊、百合、松針洗髮凝露系列300ml

這有關係的族群分別是：顧客、員工、技職青年或待業青年，以及社會上所有需要美髮產業協助的人們。對顧客的使命，讓他們開發了能協助設計師與顧客溝通的「剪裁關鍵六要素」紙本工具，2018年還與經濟部合作，將紙本工具，變身為app版本，讓設計師瞭解顧客想要的設計需求、顧客本身的設計條件後，能以圖庫的方式來聚焦，並作出最適合顧客的設計提案，避免了因溝通不良產生的各種客訴問題，創造了「價有所值」的整體精緻服務。對員工的使命則讓好剪才立下了月薪制度。台灣美髮產業的結構性問題主要來自削價競爭，髮型師們沒有穩定的收入，因此人才大量流失。好剪才讓所有同仁都有符合國家標準的每月基礎薪資，讓第一線的髮型職人們，能在有保障的基礎下，有餘裕去追求技術上的成長、投資自己在職涯發展上需要的教育。技術的成長與跟隨世界美髮的潮流，是美髮產業擴張成長的動能，為此，好剪才也創立了自己的學院體系「好剪才訓練所」，髮型師的專業技能被劃分為5大科目與45個類別，無數考核確立了服務的專業度。不僅提供自己店內的設計師訓練，線上課程也提供給全台灣的美髮工作者，甚至還教育設計師們如何成為髮廊老闆，從財務知識、人事營運架構，甚至是「裝潢成本該怎麼評估？」都手把手地提供知識與經驗。

喚回對產業失去信心的職人是挑戰也是成就

「我覺得你是騙人的，過去很多人說要穩定薪資都失敗，你一個廣告人要怎麼做到這件事？」陳亭安回想起創業之初，最大的挫折與挑戰，就是業內對改變的抗拒。他一位一位親自拜訪，聽到有轉職的髮型師告訴他：「我當房仲真的不知道為什麼要活著，明明學了那麼多技術」，讓陳亭安更確定他必須讓好剪才誕生，才能幫助這些熱愛美髮的職人們有健康的職涯發展。除了好人才，他們有了一大批黏著度很高的顧客，顧客願意等待疫情過後的復業，只為了讓好剪才的設計師們剪一刀瀏海。好剪才至今孵育了50名髮型職人，開辦超過180堂課，全台灣有452多位髮型師一起線上成長。而旗下的髮品專賣門市2020年8月開辦後，除了自有的電商通路外，在誠品線下合作了6個門市。

好剪才髮藝事業 | 商業模式圖BMC

重要合作
- 誠品
- Panasonic
- 覺亞juliaArt
- 壹電視新聞網
- 柯夢波丹
- 姊妹淘
- Bella儂儂
- 妞新聞
- ETtoday

關鍵服務
- 專業髮型造型
- 專業永續髮品
- 髮廊開設培訓
- 髮型師專業培訓

價值主張
- 藉由創造健康的勞動條件，使美髮產業擺脫「窮忙」與技術歧視的現狀。致力與顧客溝通髮藝價值，提供最專業適切的服務。

顧客關係
- 個人協助
- 群體協助

客戶群體
- 20-35歲認同好剪才理念的年輕族群

核心資源
- 美髮專業人才
- 教育訓練體系
- 實體髮廊

渠道通路
- 無提及

成本結構
- 人事成本、營運成本、設備採購與維護、產品製造成本

收益來源

服務費用、產品銷售、教育服務費用

Tip：若空有解決辦法，而看不見消費者的問題，別踏入創業一途。

Tip：追求有效率地解問題，創業永遠是不斷解決問題的過程，永遠做一個動手解決問題的專家。

創業 Q&A

1.生產與作業管理

分店拓展數、產品銷售量！

2.行銷管理

線上下全通路行銷：線上下互導互串 ─ 走出線下變現框架，走出電商競爭紅海！

3.人力資源管理

多變型企劃人才。

4.研究發展管理

前進海外落地生根。

5.財務管理

實體店資本耗材成本費用高，展店速度無法增幅。

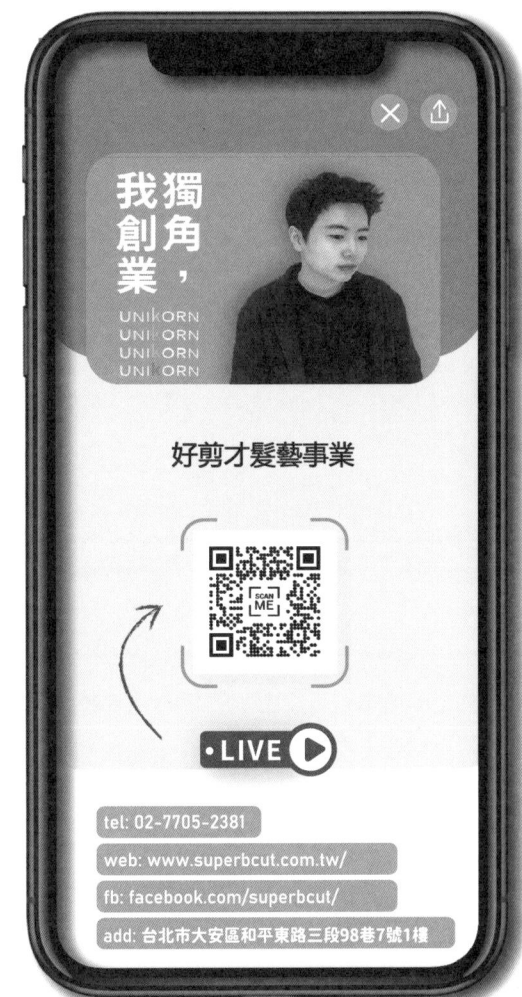

我獨角，創業角業，

UNIKORN
UNIKORN
UNIKORN
UNIKORN

好剪才髮藝事業

▶LIVE

tel: 02-7705-2381

web: www.superbcut.com.tw/

fb: facebook.com/superbcut/

add: 台北市大安區和平東路三段98巷7號1樓

建中國譽補習班

王昊與游矽
共同創辦人

台上益師、台下摯友，零距的師生關係！
—建中補習班/國譽補習班

游矽與王昊，建中補習班及國譽補習班的共同創辦人，也是最好的朋友。一個理化科學實驗的宅男，一個是享譽雙北的國文名師。在台大研究所相遇，課業之餘，聊起「創業」。最後畢了業，也立業—「建中補習班」在新課綱「素養議題」中應運而生，僥倖的成功，肯定了我們的初衷漸漸找出北歐教育與台式填鴨教考的「光譜輻合」可能。

孩提恩師的啟蒙，創業理念的初萌

游矽與王昊是台大的同窗，雖非學院科班老師，但在斜槓年代，同樣受到葉教授的啟發：「翻轉教室」——主張老師在上課時應該與學生有互動，而所謂的「互動」，比起你一來、我一往，再加上「滾動式」的成長模式，教學相長，師生透過討論與互動得到結論，就如同西方有蘇格拉底、東方有孔子門徒的論語，「哲理」往往是在師生各有所得中誕生，絕非單向灌輸；而此一觀念亦帶給游矽與王昊很大的啟發，「教學相長、各自昂揚」才是教育之本，亦是為師之道，兩人希望能結合均質化及個別化教育，在優秀的師資及教育品質下，照顧到更多不同需求及條件的孩子，創造出「新版本的」補教風格。創業以前，倆人是包裝精美的「補教名師」，深知所謂名師僅是「行銷」，在精美的糖衣下，或多或少是傳統補教業的獲利模式，依然跳脫不出教室內師生之間權威關係的「造神」。「但神，不是造出來的。」兩人補充道，創立補習班之初，並非要徹底否決傳統、鳴放年輕人價值觀，而是希望填補世代之間的落差，在之間取得平衡，讓學生找到新時代的新"偶像"長年奔波於學校與補習班之間，送走一屆接著一屆的畢業生、面臨一次次的離別，創立「建中補習班」幾年後，優秀的榜單讓「新式的理念」在風雨飄搖間屹立不搖，成功地扎根地方。再經由引薦，接手已有三十年的歷史、教育出不少名人子弟的「國譽補習班」，兩間補習班在游矽與王昊兩人的經營下，雖有不同的歷史但有著相同的核心價值。

1. 建中補習班及國譽補習班一年一度萬聖節COSPLAY　2. 建中補習班及國譽補習班包場請學生看電影　3. 建中補習班及國譽補習班的創辦人游矽，接受台視新聞專訪

4. 建中補習班及國譽補習班的創辦人游矽，提供優質教學和新式的理念　5. 王昊老師與版社合作編輯　6. 學生感謝信　7. 建中補習班升學廣告

好的老師、不會帶你上天堂，但什麼都讓你嚐嚐

小時候總會聽到大人這樣說：「不好好讀書就考不上好學校、找不到好工作……」諸如此類的恐嚇式教育或許適用於七年級生，但在網路資訊爆炸的年代，不僅塑造「價值對立」，甚至造成反效果；游矽認為，學習應該是要正向且快樂的，「用恐懼與對立建構的信仰，是為邪教」，謙虛與傾聽才是溝通的基石，「我們希望跟學生最大的距離就是那六公分高的『講台高度』。」與其樹立威嚴的教師形象，整堂課最重要的時光，應該是在課堂外與孩子打成一片，互訴衷腸、像值得信賴的學長姐一般，大音希聲、閒話家常。

我們求的不是顛覆，而是真誠的回覆

「我們是不怕嘗試跟錯誤的補習班。」王昊說道，「經歷過深思熟慮的失敗是沒關係的！」讓學生、老師乃至家長以正確的觀念面對下一個世代。

再多的不安，都來自對未知的承擔

在這個網路資訊爆炸的時代，學生每天都會從社群媒體上接受到許多資訊，游矽與王昊皆認為，讀書不能只是照本宣科，而是要訓練學生的思辨能力，也思考自己想成為怎麼樣的人。而為了倡導學生「會讀書也會玩」，比起像是競選立委一樣，開著宣傳車廣播，拿著非法手段買來的電話挨家挨戶騷擾，兩人認為透過舉辦籃球賽、包場策畫電影節、拍攝短片成立YT頻道等，以正面的態度來宣傳補習班才是正道。他們希望學生是因為喜歡這間補習班

才來上課，而不是因父母之命。興許是因為出身自單親家庭，游矽也會特別關愛相似背景的學生，他憶及，曾遇過一個天資聰穎的孩子，但生長背景卻讓他自信缺缺、沒有主見，游矽鼓勵這孩子透過讀書去增廣見聞，認識更大的界、與更多人競爭，雖然改變的過程艱辛，但孩子最終還是做到了，孩子的媽媽甚至告訴游矽：「希望我兒子將來能變成像你這樣的人！」不僅教學方式被認同，亦是他收到最難忘、最感人的反饋，一路走來的不易也值得了，不單打獨鬥創業，團隊的互相支持，「不要貪快！走最安全的路、創最成功的業」目標，成立文教機構、基金會甚至是實驗學校，但最終他們期許的是「成為小時候夢想中老師的樣子。」

建中國譽補習班｜商業模式圖BMC

 **重要合作**

- 在地安親班
- 各科教師
- 出版社

 關鍵服務

- 小學資優班
- 國中升學班
- 高中升學班
- 各式營隊活動
- 程式課程
- 多元升學指南

價值主張

- 會讀也會「玩」與其用藤架引導孩子的特質，不如順其天賦、讓其發展，滿足孩子的需求，才能「玩」出所謂的新花樣。

顧客關係

- 共同協助
- 個人協助
- 異業合作

客戶群體

- 學生
- 家長
- 同業垂直整合

 **核心資源**

- 學術知識
- 教學經驗
- 師資陣容

 **渠道通路**

- 實體空間
- 官方網站
- Youtube
- Facebook
- Instagram
- Line@

 **成本結構**

- 人事成本、活動成本、營運成本

收益來源

課程收益、同業合作

Tip：一群志同道合的夥伴很重要，一個人的能力很有限，沒有團隊的互相支持是很難成功的。Tip：在資金與理想間覓得平衡點，才能不輕易妥協、在夢想中堅持！

創業 Q&A

1.生產與作業管理

如何以新式教育應對變動中教改尚存的填鴨式升學道路。

2.行銷管理

比起收費，口碑更爲重要，現代消費者重視品質大於價格。

3.人力資源管理

對方是否操守言行如一，作爲老師，我們與同行有許多共同背負的責任。

4.研究發展管理

成爲該學區的第一品牌。

5.財務管理

家長對於新式課程的不理解，導致我們推廣上的不易。

建中國譽補習班

tel: 02-2848-0866 / 02-2766-6804
add: 新北市新北市蘆洲區三民路215號/
台北市松山區民生東路五段165號
ig: jian_jhong215 / kuoyu27666804
fb: fb.com/jjeducation, fb.com/kuoyuschool

Chapter 2

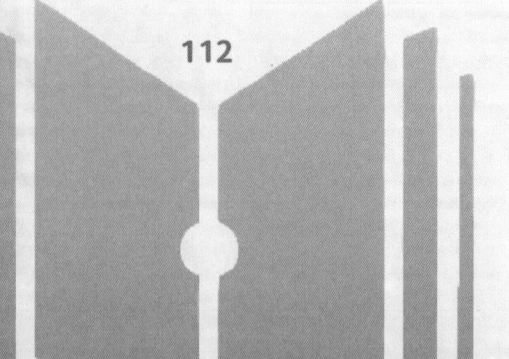

112

108

120

92

88

100

104

太陽人全民電廠

陳威丞 Wilson Chen
執行長

民間力量導入能源轉型－太陽人全民電廠

陳威丞（Wilson），太陽人全民電廠的執行長。秉持著環境與經濟共贏的精神，以日本職人技術，台灣在地深耕為念，透過創新的商業模式為環境保育及能源轉型帶來正面的影響，讓每一個人都能夠成為能源轉型的一道助力。

能源發展與環境永續的平衡點

曾經長期旅居日本的Wilson憶及2011年震驚世界的日本311地震，當時除了造成極大的災害及環境衝擊之外，伴隨而來的還有福島核災，不但使大多數人的生命安全受到威脅、也導致了長期間的全國性限電，影響極其巨大。Wilson意識到，能源發展跟環境永續的平衡非常重要，是我們這一代人都需要面對的課題。

能源轉型的需求迫在眉睫，但Wilson同時也明白一般民眾要投入能源產業並不容易，由於資金、技術及通路等各種門檻太高，使得民間的力量很難真正落實其中，於是他毅然決定創業打破能源產業的現況，以具有規模和空間靈活性的太陽能為標的，並導入綠能共享經濟的概念來降低參與門檻，讓每個人都能夠成為發電廠的老闆。

太陽人全民電廠APP一站式服務

Wilson創立的「太陽人全民電廠」提供完整一站式的服務，從電廠的物件開發、施工建置，到後期的維運保養保固、以及遠端手機監控AP-P皆服務到位，再加上以單片太陽能板為投資認購單位，首創綠能共享經濟的全民電廠模式來運作，讓民眾可以輕鬆無負擔的參與再生能源的發展。手機一鍵下單就能認購太陽能板，輕鬆地成為電廠老闆。參與認購的投資人都能夠獲得來自電力公司長期穩健的賣電收益，還可以節能減碳，促進能源轉型與環境永續，每個社會大眾都可以做到「自己的電自己發」。

能源轉型 你我同行

「太陽理財、穩健未來；能源轉型、你我同行」是太陽人的核心價值，每一座電廠的落成都得

1. 勵馨基金會-日光循環公益專案 2. 太陽人參與世貿加盟展 3. 台灣再生能源推動聯盟(TRENA) 感恩募款餐會頒獎 4. 社會創新暨新創採購頒獎典禮與唐鳳合影
5. 太陽人全民電廠專案-台中民宅電廠 6. 太陽人全民電廠專案-桃園社區電廠 7. 太陽人全民電廠專案-彰化社區電廠 8. 太陽人全民電廠專案-高雄龍肚中學電廠

來不易，光是前期申請、規劃、跑照的過程就相當繁縟，更別說更加專業嚴謹的建置工程，Wilson不諱言這個產業對於大眾而言仍然有些陌生，但為了能讓大眾了解且願意投身其中，再艱辛他都甘之如飴；憑藉著在日本累積下來的實務經驗和技術，目前太陽人在台灣各縣市的學校、農舍、社區屋頂上已建置多達三百五十座以上的電廠實績，累積數萬人次的公民參與，預計將可生產出一億度以上的再生能源，減少5,000萬公斤以上的二氧化碳排放。太陽人團隊除了經常和國立臺灣大學、海洋大學等學校舉辦能源與環境相關的講座論壇之外，並和勵馨基金會、唐氏症關愛者協會、WildOne野灣野生動物保育協會、黑潮海洋文教基金會等數十個公益社福機構合作推動日光公益專案，將部分售電收益長期捐贈社福機構，讓一塊錢不只是一塊錢，愛心無限放大。

以人為本，一同邁向永續社會

Wilson希望秉持以人為本的初心，透過太陽人全民電廠的運作模式來帶動公民參與氣候行動、進而達成「環境、能源、經濟、教育、地方創生、社福公益」這六大領域的「六贏」，讓民間的力量也能真正推動整個台灣的能源轉型，一同邁向台灣社會的永續。

太陽人全民電廠|商業模式圖BMC

 **重要合作**

- 勵馨基金會
- 台灣電力公司
- 經濟部能源局
- 國立臺灣大學
- 國立海洋大學
- 黑潮海洋文教基金會
- WildOne野生動物保育協會

 **關鍵服務**

- 電廠分割認購手機APP一鍵下單從前期建置到後期維運保養的一站式服務

 價值主張

- 民間力量導入能源轉型、促進公民參與氣候行動、落實聯合國SDGs及ESG，使一般大眾也能成為環境永續的一份助力。

顧客關係

- 電廠投資諮詢/建置管理服務
- 屋頂場域提供效益評估

 客戶群體

- 法人及一般社會大眾
- 出資認購電廠或提供屋頂場域

 核心資源

- 前端開發工程、後端維運及IT資訊完整團隊

 **渠道通路**

- 官方網站
- FB/IG社群
- LINE@
- 世貿展覽

成本結構

- 人事、設備採購、工程建置、營運

 收益來源

電廠建置銷售、電廠維運收入、電廠售電收入

TIPS: 共享經濟模式降低公民參與門檻，帶動「教育、理財、環境、能源、地方創生、社福公益」這六大領域的「六贏」

TIPS: 提供一站式服務，從電廠的物件開發、施工建置，到後期的保養、維運、保固保險、以及遠端手機監控APP皆服務到位

創業 Q&A

1.生產與作業管理

以人爲本的能源轉型/環境永續商模，透過數位雲端資訊技術，使大量的客戶和發電數據能夠被系統性整合，進而使公民參與氣候行動成爲可能，同步達成環境、經濟、能源、公益的共贏。

2.人力資源管理

扁平式的團隊運作平台，使每個同仁都能夠被看見，重視並激發每個同仁的想法與潛能。 創造一個能夠達成個人自我實現以及團隊共同目標的舞台。

3.研究發展管理

提供再生能源生態鏈的一站式服務，除發電之外，亦提供儲能系統、充電樁、再生能源憑證交易媒合及綠建築等綜合服務。

太陽人全民電廠

tel: 02-5574-0007

add: 新北市永和區中和路345號10樓之2

web: www.hellosolarman.com/index.aspx

沐境微晨
Mu...

許禎紘 Miki Hsu
創辦人

沐 境 微 晨

1　2　3　4

專注聆聽疲憊身心的需求，提供客製化的全方位療癒
──沐境微晨

在澳洲接受西式芳香療法及按摩技術的禎紘，因為客人的稱讚而建立起從事身體工作的自信心，決定回台後要開創自己的身心靈療癒SPA店面，期間雖然因為台灣按摩產業過度發達而感到退卻，但透過找出自己服務的特殊定位，禎紘創建出了她理想的身心靈療癒-沐境微晨S-PA & MASSAGE

越洋學技術，懷抱創業夢，卻曾被台灣產業現狀挫折

禎紘在澳洲學習西方的芳香療法按摩技術，澳洲的客人不論她按得好或不好，都給予肯定信任，因此幫助了禎紘在按摩專業信心的建立，也讓她萌生回台灣後，要開創一間完全身心靈療癒SPA店的想法。回到台灣後，禎紘投入競爭激烈的按摩產業，她原本認為只要有好的專業技術，就能擁有穩定的客源，實際進入到一間個人工作室就職時，禎紘發現工作室的女老闆除了擁有精湛的按摩技術外，在所有顧客關係上的應對進退都極為細膩，她頓時對於不善

言詞表達的自己失去了信心，「開店不能只有技術，對客人照顧的心意也要展現在互動關係上才行。」後來她轉任到一間以北歐風格來打造全店裝潢的SPA店，並且遇到了帶領她探索東方經絡穴道的師傅。師傅學習並從事此專業已有20年以上的資歷，禎紘跟師傅學習經絡穴道的技術時，初始很苦惱挫折，因為許多穴位並不容易定位，「像肩胛骨附近的天宗穴，我就學了三個月到半年，因為真的很難精準抓到天宗穴的位置，我那時候就覺得經絡穴道很困

難。」台灣按摩店必備的服務項目：腳底按摩，禎紘也是回到台灣才接觸到，剛學的頭一個星期，每天手都像是要燃燒爆炸般的疼痛，但逐漸地，抓到訣竅後，她在北歐風格SPA店快速成長，半年到一年後，她的專業已讓師傅認可。而這間特殊風格的SPA店，職場的氛圍也令禎紘覺得美好，與客人、同事互動愉快，她才逐漸拾回創業的夢想。「因為我發現，原來SPA按摩可以有各種可能性！身心靈也可以！」

1. 沐境微晨門面 2. 每一天都是特別的，也是珍貴的，因為我們只能擁有一次 3. 沐境微晨室內區域 4. 店貓 5. 彩虹卡 6. 天使塔羅牌卡 7. 店內精油 8. 身心靈療癒結合頌缽與Spa按摩

身心靈多面向療癒服務 放鬆的不只是身體而已

禎紜五、六歲的時候，就對神秘學感到興趣，成年後也接觸過心理學與塔羅牌，而在按摩S-PA工作一路的學習歷程中，也接觸到了當代流行的一些身心靈療癒方式。譬如印度阿育吠陀醫學理論中的「脈輪」——人體非物質的能量中心，一共有七個——是現代身心靈工作中，很重要的一環，有許多精油品牌、療癒用品品牌會針對不同的脈輪開發不同的商品，沐境微晨也使用這些特殊的能量產品，讓顧客在療程的初始便做「直覺脈輪精油抽選」的動作，來協助顧客找到最適合當下使用的精油，再搭配中、西、泰式按摩技法的搭配，徹底解決身體累積的緊繃疲勞。除此之外，還有頌缽療程。頌缽是請芳療師手持西藏缽，在顧客的身體周圍敲擊出聲音，讓聲音振動的頻率深入經絡，打通氣血，就像是非常溫和的能量超音波，不但入經絡通氣血，頌缽的聲音沈穩厚實，還能為顧客卸除煩惱思緒，帶來安寧的感受。而當顧客完成身體的療程後，沐境微晨還提供了「大天使神諭占卜卡」，讓顧客可以針對他們當下的情況抽牌，提供靈性上的見解與建議。因此，沐境微晨的服務，不僅限於專業的身體工作，甚至包含了心靈的慰藉與療癒，是「全人－全身心靈」的療癒服務專業。「我們以人為本，聆聽每一個顧客當下最需要的是什麼，來為他設想與規劃每一次的客製化療程。」

讀懂顧客身體的問題 自然創造正向的顧客關係

禎紜在創業最初的障礙，是對自己的信心不足，深入去研究台灣人按摩的喜好與需求，她發現，台灣人因為工作時數普遍較澳洲人長，因此身體更僵硬、筋膜更緊繃，需要使用更多不同的技巧來處理。透過按摩，察覺肩胛骨位移這是客人不曾察覺的身體狀況，因為細心顧客信任度，回頭率極高，給予她實踐創業夢想的動力與成就感。禎紜的目標是「傳達『沐境微晨』身心靈，身心靈療癒合而為一的方向」，未來再進駐台灣其它城市。創業最重要的基礎知識建立，打底必須扎實，因為一旦創業計畫啟動，沒停下來的可能，更不要輕易放棄。

沐境微晨 | 商業模式圖BMC

重要合作

- 法國FLORIHANA芳療家 有機精油

關鍵服務

- 芳香精油
- 脈輪療癒
- 西藏頌缽
- 經絡按摩
- 運動按摩
- 孕婦按摩

價值主張

- 細緻聆聽身心靈的需求，創造客製化的療癒服務

顧客關係

- 個人協助
- 群體協助

客戶群體

- 有按摩需求的客群（以女性為主）

核心資源

- 芳療師人才

渠道通路

- 臉書粉專
- 網站
- LINE
- IG

成本結構

- 人事成本、營運成本、精油用品採購

收益來源

服務費用、產品銷售

Tip：創業的基礎知識是打穩根基的關鍵。　Tip：維持競爭力的關鍵：用心聆聽顧客需求，並換位思考以解決問題。

創業 Q&A

1.生產與作業管理

身心靈療癒結合頌缽與Spa按摩，我們裡面的老師，每個人都有不一樣的特色 有人可以感知顧客哪裡哪裡痠痛 有人可以感同身受顧客的痠痛 有人可以感同身受心靈方面的不舒服 有人可以感受氣(狂打嗝) 有人可以直接知道你的未來 有人可以用塔羅牌占卜出顧客想知道的一切，尋求答案。

2.行銷管理

身心靈結合按摩spa 搭配出不同的特色。

3.人力資源管理

老師與老師，老師與櫃台 我們的默契都是眼神傳達 日復一日，慢慢培養出來。

4.研究發展管理

每個人，身心靈很疲憊 來找我們不同的老師，按完後還有彩虹卡與天使塔羅牌卡，可以更瞭解我們 如何致力於身心靈Spa。

5.財務管理

我們療程價位 是依照時間而訂 時間內可搭配頌缽、腳底按摩、刮痧、拔罐、滑罐 1小時 ，1500NT ；1.5小時，2000NT ；2小時，2500NT ；2.5小時,3000NT ；3小時, 3500NT ；3.5小時, 4000NT ；4小時，4500NT。

我獨創角業，
UNI ORN
UNI ORN
UNI ORN
UNI ORN

沐境微晨

LIVE

tel: 02-2562-6833
web: www.chillforest333.com.tw
fb: facebook.com/chillforest333/
add: 台北市中山區中山北路一段135巷22號1樓

馳峰汽車

蕭于崧 Yu-Song Siao
創辦人

用心傾聽客戶需求，打造多元汽車銷售和服務項目—馳峰汽車

蕭于崧，馳峰汽車負責人。因對車子的強烈興趣而一腳踏入中古車銷售市場，提供包含維修保養、改裝、租賃、貸款等汽車相關服務，他秉持誠信用心的態度對待每一位客戶，積極為客戶解決問題，使他獲得客戶的肯定與穩定客源回流。

從興趣開始，副業轉為本業經營

在創辦馳峰汽車之前，蕭于崧對車輛有濃厚的興趣，為此他於軍中服役期間考取不少證照。退伍後，白天的他主業是拖吊車司機，晚上則兼職做中古車買賣，隨著副業的規模逐漸擴大，蕭于崧開始面臨本業與副業的人生抉擇，最終他選擇趁年輕闖蕩，在南投埔里成立以中古車銷售為主的馳峰汽車。

提供別於同業的多元服務，以求奔馳巔峰、脫穎而出

馳峰汽車除了銷售中古汽車之外，也提供其他服務項目，如汽車維修保養、車輛改裝、禮車租賃、汽車貸款等服務，蕭于崧補充，馳峰汽車還有一項特別的服務—舊車寄售，他發現，客戶大多數已擁有一部車，而當這些客戶想換車時，通常會考量新車的購入預算和舊車的賣價，有別於其他同業的作法，蕭于崧採取舊車寄售的方式，使用較為接近客戶理想賣價的金額賣出舊車，讓客人能夠成功地購入下一台車。蕭于崧也分享關於馳峰汽車的命名由來和品牌寓意，馳峰汽車的企業文化有三個重點—誠信、品質、服務，他以馳峰作為公司名稱的初衷，是希望馳峰汽車能夠在中古車界中脫穎而出、奔馳巔峰，他也談到馳峰汽車的LOGO設計理念，將馳峰的英文縮寫「CF」編輯成一隻老鷹，有「展翅高飛，脫穎而出」的寓意。

用心服務，以客戶的讚許和肯定作為成就感的來源

傾心服務客戶的精神，讓蕭于崧獲得不少客戶肯定，這也是他成就感的主要來源。蕭于崧談到，有一次在服務客戶時，這名客戶是連假期

1. & 2. 馳峰汽車購車成交照　3. 馳峰汽車誠信贏天下　4. 馳峰汽車門市　5. & 6. & 7. & 8. 馳峰汽車秉持誠信、品質、服務 為三大企業要素

間到南投清境農場遊玩的遊客，卻遭遇車輛在山上故障，適逢連假難以找到修車師傅，後經由蕭于崧的朋友介紹，這名客戶找到馳峰汽車，於是蕭于崧不辭辛勞地為這名客戶找尋修車師傅和調度所需要的零件，並親自上山在沒有器具輔助的情況下完成車輛的維修，蕭于崧的份衝勁與服務精神讓這名客戶十分感動，也讓蕭于崧獲得客戶肯定和成就感。在汽車貸款服務方面，蕭于崧亦秉持用心服務的態度。他提到在南投地區，薪資的發放常以領現金的方式，導致許多客戶在辦理汽車貸款時，面臨沒有薪資轉帳證明的困境，加之客戶急於貸款的態度，讓汽車貸款案件容易被銀行退回。基於這些理由，蕭于崧主動深入了解客戶的背景條件和貸款需求，協助客戶送件事宜，而在客戶成功申貸、購入車輛後，往往懷抱感恩，蕭于崧也因良好的服務態度，獲得不少回流客源。

積極拓展服務項目，目標成為在地標竿企業

對於馳峰汽車未來的發展目標，蕭于崧指出，短期內希望擴增銷售車種，並發展進口車輛的接單業務；中長期則規劃在南投埔里地區經營更多元的服務項目，例如汽車精品百貨和拖吊車服務，同時推出更多車種的租賃服務。除此之外，期許馳峰汽車規模擴大後，能提供當地人更多就業機會，也能讓離鄉背井的遊子回到南投埔里就業，回饋故里。在創業理念上，蕭于崧強調「莫忘初衷」的原則，應以自己的目標和承諾去主宰自己的心態和行為，不以感覺去評估。他以自身經驗為例，將五則重要創業建議分享給欲在中古車市場創業的年輕人。一，「誠信經營」，網路世界讓當前資訊取得容易且更透明化，買賣車輛應誠實告知所有車況，以誠信為銷售原則；二，「適時充實自己」，在萬變的時代，應不斷學習，補充專業、人脈、自我心靈方面的知識，他建議年輕人可找尋課程學習，與成功前輩交流；三，「觀察需求和趨勢，找出合適的商品」，區域需求不同，可觀察在地的銷售趨勢，找出銷量較好、接受度和需求較高的商品於當地販售；四，「同行非敵國」，同行競爭不可避免，同行間應互相交流學習，五，「不要預設立場」，面對客戶應認真傾聽，找出他們真正的需求。

馳峰汽車｜商業模式圖BMC

 **重要合作**

- 無提及

關鍵服務

- 車輛銷售、改裝和維修服務
- 汽車租賃
- 汽車貸款

 價值主張

- 以汽車銷售為主軸，輔以多元服務，並用心傾聽客戶需求，積極協助購車事宜，讓客戶得以順利購車。

顧客關係

- 一對一服務

 **客戶群體**

- 有購換車需求的客戶

 核心資源

- 專業車輛知識
- 多元服務

渠道通路

- 實體店面

成本結構

- 營運成本、人事成本、購車成本

收益來源

銷售收入、
租賃收入、
改裝和維修服務收入

Tip：「認真傾聽，找出客戶真正的需求。」　Tip：「以自己的目標和承諾去主宰自己的心態和行為，而不是以感覺去評估。」

創業 Q&A

1.生產與作業管理

用價值驅動你的移動城堡。

2.行銷管理

中古車輛與新車最大的不同之處在於每台車況、顏色跟條件都不同，反應出了不同的價位，而在與客人成交前更重要的部分是確認車輛是否符合客人的需求，往往在洽談的過程中，經過我們的解說，最後成交的未必與當初選擇的相同，卻找出更適合客戶的產品。

3.人力資源管理

目前服務項目受創始店面空間限制，接下來計畫擴展更大的服務據點，才能創造出更多更好的服務。

4.研究發展管理

目前服務據點位於中部地區，公司服務項目朝向更多元化發展，進而提升內容及達到一條龍服務。

5.財務管理

未來服務據點不僅限於中部，待中部據點發展成熟後將向外南北地區開發新服務據點。

五福冷卻工程

邱育葦 Yu-wei Chiu
經理

「冷處理」的智慧，再也不用擔心過熱壓力！—五福冷卻工程

邱育葦，五福冷卻工程的經理。從事空調相關產業已有多年的經驗，累積了十五年才終於踏出創業的步伐，經手過諸多重要的大型公共建設及科技廠、足跡遍布全台，盼能繼續帶著專業的技術、用心的態度帶動這個看似冷門的產業在台灣發光發熱。

琢磨了十五個年頭的創業夢

「我相信每個人多多少少都有創業的夢想，只是如何在就業的過程中找到創業的動機，從我踏進這個產業的目標就是當老闆，只是我花了十五年才認為自己終於可以勝任老闆這個角色。」邱育葦說道，為了一圓創業夢，這一步、邱育葦足足走了十五年。邱育葦一直以來都從事空調周邊相關產業，直到進入冷卻工程的代理商擔任業務人員，才慢慢對工作產生興趣，一路從最基層的員工晉升到中高階主管，他發現有許多想突破的現況，也發現到周邊有許多

相關產業是相當值得發展的，為了追求更好的待遇、更大的舞台，幾經思考下便決定自立門戶、創立「五福冷卻工程」；邱育葦認為，台灣的市場需求大、但投入這項產業的參與者不多，他希望能與競爭對手成為好友、在合作上都能一片和氣，避免惡性競爭而傷害彼此和氣，於是以「五福」為公司命名。

需要冷卻的地方，就有我們的存在

冷卻工程涵蓋的範疇十分廣泛，從空調、製程設備、鋼鐵廠、空壓機、無塵室、化工廠中的

爐具到商業大樓等，其中尤以進口市場及重工業為主要客層，任何需要執行「冷卻」的機械工程就需要這項服務，工程雖然看來粗糙、但每個環節都需要細膩地處理。從業務員時期邱育葦就會跟在工班人員身邊學習，除了協助工班能盡早完成手頭上的任務以外，也能在互動中學習專業的技能，更能深刻體會到工班的辛苦，身為公司的領導者、也是工程的規劃者，在客戶及員工之間，不僅將專業度放在第一，執行工程時的安全考量也擺在最首位，兩方面

1.&2. 五福冷卻工程施工人員，架設室內冷凝器 3.&4.&5. 架設室外冷卻水塔 6. 五福冷卻工程科客戶-群創光電 7.&8. 五福冷卻工程服務遍布全台公設和知名科技電廠

都做到周全、到位，貼近工班人員的需求、也將成效完美地呈現給客戶。從事工程設備要帶給客戶的就是專業的技能，邱育葦說道，有些公司會為了吸引客戶而削價競爭，帶給客戶錯誤的訊息及不符的零件，但邱育葦希望透過專業的技術、精密的儀器測量數據、多年的產業經驗、文獻資料等多管齊下矯正客戶所接受的資訊，讓客戶能真正清晰設備出狀況的肇因、解決方案以及未來防範的方式，不僅向客戶口頭說明，並將問題量化與往年的數據做比較，建立完整的資料庫更便於管理。邱育葦信誓旦旦地說：「我能給的就是專業及信賴！」他更誠懇地說到：「既然負責這個案子就要了解它、才能照顧它。」他對這個產業的使命感。

最被忽視的產業，最該重視的環節

冷卻工程聽來陌生、在台灣也較少人從事，加上冷卻水塔大多建置在屋頂，也就更容易被忽視，但冷卻工程卻是工廠產線中相當重要的一環，一旦其中一台冷卻水塔故障就可能癱瘓整個產線，甚至有許多營運已久的工廠冷卻水塔更是年久失修；因此邱育葦用心幫客戶留意任何細節，藉此灌輸客戶全新的觀念，並呼籲企業重視冷卻設備的保養以防患未然。另一方面，也因為冷卻工程產業可以說是較冷門的傳統產業，加上工作環境嚴苛，必須忍著低溫在高處工作、甚至還得下水，一般的從業人員很難適應這種性質的工作，沒有強大的意志力更是難以支撐下去，因此勞力人口斷層現象及就業

人口的擴充一直是問題；但冷卻工程產業實屬寡占市場，市場需求相當高、光是公司去年的業績就翻漲兩到三倍，他也祭出良好的薪資待遇及完善的福利制度，希望吸引更多年輕人投入習得一技之長，並減緩產業的斷層現象，更讓大眾了解冷卻工程這個產業的存在。

做好前瞻、腳踏實地、慢慢實踐

創業過程中不乏關卡及挫折，也曾耕耘無果，但一路走來，花費不少心力及時間克服問題，如今五福冷卻工程已經走過四個年頭，客戶遍布全台，國家歌劇院、衛武營國家藝術文化中心、科學園區、捷運站、高鐵站等要公共建設，還有中油、中鋼、台塑、友達、大立光等知名大型工廠，工程中辛苦與歷練，歷歷在目。

重要合作

- 中油
- 中鋼
- 台亞
- 友達
- 大立光
- 高鐵站
- 工班人員
- 國家歌劇院
- 設備製造商
- 台塑工程技術人員
- 衛武營國家藝術文化中

關鍵服務

- 冷卻水塔維修保養及拆除工程，砂濾系統桶槽清洗、消毒&濾材更新
- 無塵室FFU安裝及更新
- 各類空調設備濾網更換
- 各類機台設備組裝
- 各類風管、配管、配電工程

價值主張

- 由資深菁英團隊及專業工班所組成，可提供即時的故障排除、緊急搶修及全方位服務，提供完善及專業的服務，深受各大園區及設備商的支持，也持續的擴充及培養各類專才，積極拓展海外市場，未來盼能提供更完整的服務。

顧客關係

- 共同協助
- 異業合作

客戶群體

- 政府機關
- 化工廠
- 鋼鐵廠
- 製程工廠
- 商辦大樓

核心資源

- 工程技術
- 產業經驗
- 技術人才

渠道通路

- 官方網站
- 人力網站

成本結構

- 人事成本、設備採購及維護成本、交通成本

收益來源

服務費用

Tip:既然是負責這個案子就要了解它、才能照顧它。　Tip:先為未來鋪路、做好前瞻。

創業 Q&A

1.生產與作業管理

各家設備之規格與配方都不相同，因此所有材料及零件都是需要進口或是現場量測、繪圖、排版、加工生產，前置作業期長，等待進口及生產時需保持與客戶良好的溝通，及確保產線盡可能不受到影響。

2.行銷管理

除了既有合作的廠商外，國內外設備商也都會委託我司處理相關工程業務，產線都是維持半年以上的訂單，目前也是面臨人力短缺問題，案件以現況人力承接，無需競價競爭。

3.人力資源管理

台灣未來勞動市場缺工及斷層的問題日益嚴重，工程類別的產業都會受到影響，除了提供更高薪資及福利留著人才，未來耶只能尋求外籍勞工解決缺工問題。

4.研究發展管理

配合業主進行各種材質的材料測試，改善設備的效率及耐候性，並提供各式客製化的產品。

5.財務管理

委託國內知名會計師事務所及銀行理專負責協助本司各種業務需求。

我獨創角業，UNIKORN

五福冷卻工程

tel: 04-2463-9950 / 0958-810-900

web: www.wufucooling.com.tw/

add: 台中市西屯區福雅路678巷12-1號

羅浩博 Hao-Po Lo
創辦人

理性與感性的美髮藝術家—Bar Salon

羅浩博，Bar Salon創辦人，在經歷各行各業的身分轉換，擁有藝術家靈魂的他，選擇他入美髮產業，將美感、靈感投注在髮型剪裁。非本科系的浩博，花費大量時間、心血，在最短的時間內升為正式理髮師，也漸漸意識到時間的價值，便決心創立「Bar Salon」，將時間價值、效率體現在客戶服務，讓每位前來的消費者，都能找到最適合自己、最有自信的髮型。

找尋人生方向-如何平衡美感與時間價值

羅浩博大學時期就讀音樂舞蹈系，學生時期便嘗試過各行各業的工作，例如服務生、領隊、樂師、攝影師、調酒師…等。如此工作經驗的浩博，也曾在人生道路的選擇迷惘過，在即將退伍之際，決心要找到目標，並往目標努力、邁進。因為喜歡調酒過程帶給客人的驚喜，浩博原本認為調酒師就是他的職涯目標了，考慮到調酒師工作性質經常需要熬夜、應酬，長期下來身體可能無法負荷，變放棄成為調酒師的念頭。擁有藝術家靈魂的他，想到髮型師也跟美感息息相關，於是決心踏入美髮產業。剛踏入美髮產業時，發現店內許多同期助理皆是本科系出身，也都有相關的實習經驗，非本科系的浩博意識到只有加倍的努力，才能以最快的速度在美髮產業突出、成功。下班時間後，浩博繼續練習剪髮、染髮，很常的一段時間，浩博每天的睡眠時間不到四小時。通常助理升為正式理髮師需要花費三至五年的時間，而浩博的努力及犧牲，讓他短短一年即成為正式理髮師，後來也在美髮產業繼續工作八年左右，也漸漸意識到時間的價值，便創立「Bar Salon」期望將時間價值、效率最大化，並帶給客戶尊榮的美髮體驗。

五感體驗、解決顧客在外無法解決的問題

「Bar Salon」的核心理念強調「五感體驗」，消費者一進門就能看見店裡美麗的裝潢、擺飾，嗅覺上，店內放著精油香氛，藉由香氣舒緩客戶一整天的身心緊張，播放輕鬆、自在的音樂，在聽覺也傳達到放鬆的氛圍，還貼心的備

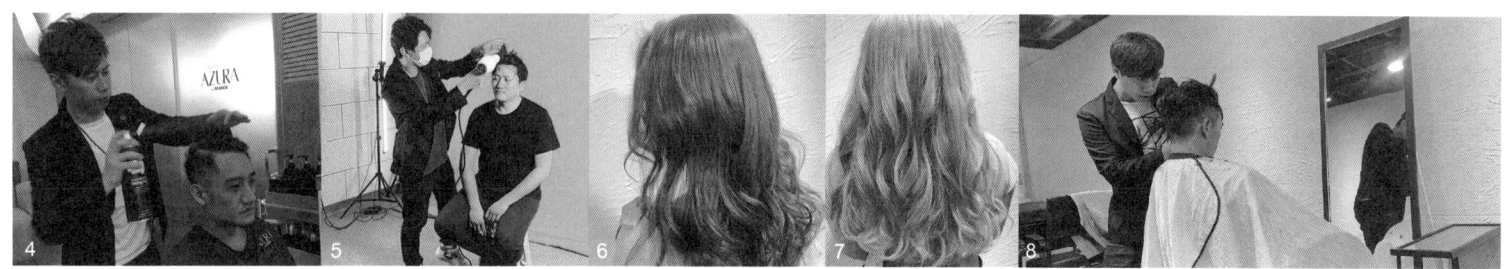

1. 設計師刀具　2. 工作環境　3. 美髮賽事　4. 形象改造　5. 廣告拍攝　6. 光線設計挑染　7. 暈染設計染　8. 髮型設計

有精緻茶點，滿足客戶的味蕾享受。除了五感體驗，Bar Salon另一主打是「解決顧客在外面無法解決的問題」曾經有一位客人，在別的美髮院燙壞了頭髮，透過網路搜尋到這裡，Bar Salon針對客戶的臉型、身形、穿搭風格，以及平時的照護習慣，用顏色、線條，剪裁出最適合客戶的髮型，成功救回這為客人的秀髮。Bar Salon也積極推廣正確頭皮照護觀念，讓髮質保持健康。

不只專業，更有熱情

Bar Salon的團隊，不只專業，更有熱情。除了透由髮型的設計為客戶帶來自信的成就感，另一熱情來源是到偏鄉的服務經驗，浩博經常帶領團隊至偏鄉義剪，居民看到整理髮型後的改變，臉上露出的笑容，對每一設計師是最大的鼓勵，透過自身專業達到助人的喜悅，這份感動是支持美髮師們繼續的最大動力。浩博常說，他是以經營「家」的理念在帶領團隊，希望成員之間能有像家人的連結感，並給予員工擁有分配時間上的自由，讓每位成員的時間運用更有效率、價值，也能在工作及生活中有所平衡。

用跑的不會比較快，慢慢走才能清楚目標

浩博分享現階段的短期目標，是積極尋找人才，培育紅牌設計師，以及找尋帶店經營者、店經理、區經理，培訓品牌講師，並在各地設立指標店，等教育訓練、專業技術、服務流程成熟後，便會創立學院，提供給有志在美髮產業發展的同仁加盟，未來更有傳承相關計畫開放給團員。建議，浩博說：「創業就像結婚一樣，需要一點衝動」回想創業初期，浩博認為當時衝動大於理性，如果重新來過，他會放慢腳步，做好市場規劃、產品獨特性、品牌定位，好好檢視手邊資源，才能將資源運用效果最大化。「用跑的不會比較快，慢慢走才能清楚目標。」這是浩博創業一路走來的經驗感想，分享給每個想創業的人。

Bar Salon｜商業模式圖BMC

 **重要合作**

- KOL

 **關鍵服務**

- 五感體驗
- 量身打造的美髮服務

價值主張

- 解決顧客在外面無法解決的問題，搭配臉型、身形，服裝穿搭風格，以及平常整理習慣，打造最適合客戶的髮型

顧客關係

- B2B

 **客戶群體**

- 任何想修剪頭髮的客戶

 **核心資源**

- 多年來的專業技術與管理經驗

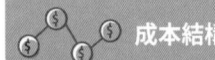 **渠道通路**

- 實體空間
- 官方網站
- 媒體報導
- Line@

成本結構

- 營運成本、人事成本、設備採購與維護

 **收益來源**

服務收益

Tip：創業就像結婚一樣，需要一點衝動。　Tip：用跑的不會比較快，慢慢走才能清楚目標。

創業 Q&A

1.生產與作業管理

先把目標鎖定，再回推想要達到目標的話現在應該怎麼做，再去設定每一個階段要完成的目標，進而達到百分之百動完成。

2.行銷管理

再接下來我們會強力推廣在夜間沙龍的部份，在臉書，IG等等社群平台做推廣。再用口碑行銷，利用專業熱情的服務，讓顧客能夠幫我們一個介紹一個。

3.人力資源管理

短期內會增加針對現場顧客服務的公關，負責現場設計師人員調配工作的，以及關心顧客。

4.研究發展管理

我們主要主打夜間沙龍，是因為現在的美髮沙龍都大概晚上8點就不收客了。 所以我們針對一般餐飲業，百貨業，甚至下班後比較晚的族群，我們利用口碑以及谷歌去做一個推廣。

5.財務管理

我們在急速擴店的過程當中 會遇到最大的問題一定是人員。 因為優秀的美髮人一定很多，但適合的美髮合作夥伴卻很難尋找。

tel: 02-8968-2640
line: @bla7270m
add: 新北市板橋區南雅南路一段71號2樓

徐樂 Johnny Hsu
執行長

學生的第二個家，你沒見過的暖心補習班
─高強教育事業集團

徐樂，高強教育事業集團的執行長。年紀輕輕就投入教育相關產業服務，在看過形形色色的補習班、也領略過各種招生模式之後，抱著初生之犢的決心自立門戶開創自己的教育事業，希望作為孩子的燈塔，照亮他們的未來。

夢想與抱負燃起創業的熊熊烈火

徐樂年紀輕輕、19歲就投入教育相關產業服務，原本僅是抱著姑且一試的心態，從最基層班導師開始做起，漸漸地一路晉升到夢想中的授課英文老師，他經歷過國小、國中到高中升學班，不論是區域型、連鎖型的補習班都累積許多經驗，在看過形形色色的補習班、也領略過各種招生模式之後，徐樂一心想著要站上屬於自己的講台揮灑教學長才，「是時候了，該出去闖盪看看了！」他心想著，抱著初生之犢的決心，懷著「教育因我而起、改變從我開始」

的遠大抱負，強烈的使命感在他心裡燃起一把炙熱的火，徐樂決定自立門戶開創自己的教育事業，一股腦兒將所有積蓄投入，成立「高強教育事業集團」。

培養多元能力，帶領孩子走向未來

「絕不放棄學生，永遠懷有熱忱」為高強教育的核心理念。學生以中學生居多，而這年齡層的孩子多半較為浮躁，且對於未來缺乏方向感，容易亢奮卻也容易放棄，徐樂認為，身為教育者應該站在高處眺望遠方、看向未來，在學

生衝動時像救生圈一樣拴住他，當學生墮落時像浮木般解救他，作為學生的燈塔，為他們照亮未來的道路，不僅加強學業，更希望每個孩子未來在社會上、為人處事上，都能比同儕來得更有遠見、有規劃。高強教育以國中及高中升學文理起家，擁有專屬的編排教材團隊，並搭配線上科技做整合，徐樂顛覆傳統印象，秉持著「先懂孩子、再懂教學」，並非一味地灌輸孩子課程內容，而是藉由科技先了解孩子目前在學習上遭遇到的盲點，並且對症下藥、適

1. 諄諄教誨百年樹人祈求學子金榜題名 　2. 會考前讓高強為你打氣加油 　3. 高強點亮我學生時代 　4. 高強教育事業集團-注重學生的學習和飲食 5. 好的學習氛圍為學習效果加分

6. 英檢中心獨家課程，檢定證照輕鬆過關 　7. 唯有自編教材才能連連抓住考題趨勢

當的加強與指導，此種「標靶教學」的模式亦是高強教育的最大特點；而國小的全科指導是高強教育近兩年的規畫重點，不同於坊間補習班做安親課輔，而是提倡超修學習，徐樂認為，與其讓孩子在似懂非懂的情況下被逼著只能死背，不如讓學習進度跑在前頭，並研發美術、科學等的特色課程，不要求硬背知識、而是老師親自示範操作，讓學生懂得原理後更能落實應用，培養思考、整合及活用的能力，真正融合108課綱中——「知識跨科整合學習，並且學以致用」。

給學生滿溢的愛，家長都看得見

而除了目前現有的連鎖國高中文理補習班以外，徐樂計畫配合台灣在2030年邁向雙語化國家的政策、建構自有的美語教學品牌，結合應考與應用兩個面向，除了幫助學生提高考取檢定的通過率，更在教學中導入紐約時報、經濟學人雜誌等時事或國際趨勢，給予學生多元化的課程教材內容，讓美語教學融入各科、各領域的內容知識；更規劃研發「差異化學習　個人指導家教中心」，提供需要個別照顧的孩子教學服務，與市場做區隔，也更貼近孩子的學習需求。「高強對孩子的好是無庸置疑的。」這是許多家長給予徐樂的反饋，補習班會供應零食及牛奶、晚上還會送宵夜，家長不需擔心子餓到，加上徐樂善於與孩子溝通、視學生為自己的手足，與學生亦師亦友的關係讓兩者間的互動毫無隔閡，不僅關心學生的課業，同時亦關注他們的需求、傾聽他們的心聲，讓許多原本不喜歡上補習班的孩子變成自動自發、自主學習的積極個性，家長也足見孩子的轉變，都印證了高強教育不僅是個補習、上課的場所，更是充滿人情味及教育意義的空間，也打破傳統對於補習班皆嚴師的刻板印象。

再辛苦都值得，孩子好我就好！

高強教育迄今已邁入第十二個年頭，初期遇到的種種挫折，他為了增加額外收入再另外創業，每天兩邊奔波、早出晚歸，一度想要放棄，好在業績終於扶搖直上將前幾年的虧損給補足，體認到，以往辛苦並非做白工，而是替未來打下基石。徐樂:「教育就如同捏泥巴，每個孩子都像不同形色的泥土。」「只要孩子比我更好，我就會為他們驕傲！」

高強教育事業集團｜商業模式圖BMC

 **重要合作**

- 各科教師
- 出版社
- 印刷廠

 關鍵服務

- 高一資優數學、英文物理班
- 高二資優數學班
- 高二頂標英文班
- 國三數學班
- 魔法英文班
- 頂尖理化班
- 國社加強班
- 會考衝刺班

價值主張

高強教育成立有十幾個年頭，品牌核心價值：「耐心與堅持是投入教育的使命」，高強重視品格教育、責任態度的養成。期望每一個進入高強的學生都能知書達禮，懂得待人接物。

顧客關係

- 共同協助
- 個人協助

客戶群體

- 學生
- 家長

 核心資源

- 學術知識
- 教學經驗
- 師資陣容

渠道通路

- 實體空間
- 官方網站
- Facebook

成本結構

- 人事成本、教材印刷成本、營運成本、設備採購與維護

 收益來源

課程收益

Tip：創業與就業截然不同，就業只需要為自己著想，但創業就要設想全局。 Tip：「是非終日有、不聽自然無」心態一定要正確且不受外界干擾。

創業 Q&A

1.生產與作業管理

每周我們都會確認好自己的目標，接著逐步檢測! 並且在執行的過程中不斷討論，

提高最佳效率。

2.行銷管理

用各社群媒體關鍵字聯結我們的專業，只要想到升學當然就是高強辦學!

3.人力資源管理

必須對教育產業有心付出，此外，如果今天在學生以及學費取捨間必須以學生爲主!

4.研究發展管理

堅持自己認爲對的事情、做有意義的事情、做社會認同的事情。

5.財務管理

人力，除了少子化影響在客戶端外，現在的人力資源管理必須在思維上與以往不同。

高強教育事業集團

tel: 04-757-5328 / 04-755-2958

web: www.kch-edu.com/

fb: fb.com/ kch7575328

add: 彰化縣和美鎮和卿路57號

林亭孜 Phoebe Lin
創辦人

以英文陪伴生命的探索與思考 創造想要的耀眼未來
—菲比英文Phoebe English

對英文教學有著極大熱情，近乎是工作狂的菲比英文創辦人Phoebe老師，在投入19年的第一線教學後，因為看見現行考試制度對孩子學習態度的負面影響，因此與志同道合的朋友們，建立自己的教學體系，來為孩子們提供一條能以英語探索未來的道路。

英文教學的快樂工作狂，看見孩子學習歷程上的缺口

Phoebe老師在第一線的英文教學現場有非常深厚的資歷，已長達19年，但絲毫未減他教學的熱情。長年在第一現場的教學觀察中，讓他發現孩子們在學習上有許多狀況，以現在最夯的108課綱為例，課綱的主要訴求之一是建立孩子們的「素養」，希望學生透過整套的課程規劃，將來能夠有解決問題的基礎能力。可是Phoe-be老師發現，孩子們的日常生活，根本沒有時間、空間來容納「探索」這件事，不論是探索自己或探索生活面向的各種經驗。「因為現行的社會體制與考試制度，沒有機會讓他們去做探索，讓孩子們的生活經驗也不夠多。」Phoe-be希望透過他與團隊夥伴自創的教學體系，能夠讓孩子藉由英語這個媒介，培養出解決問題的能力與國際觀，更重要的是，陪孩子們一起探索自己與生活，因此後來創辦了菲比英文。

3-18歲的完整規劃＋生活情境學習法＝孩子不怕開口說英文

「This is Phoebe English, where we enlighten your future.」這句slogan即是菲比英文Phoebe English核心理念的表達，老師們以豐沛的教學熱忱，啟發學生的學習力，讓學生們逐步建立能思考並探索未來的能力。Phoebe認為，要激起孩子的學習動機，重點是要先讓他們「不害怕」，接著逐漸喜歡科目，並讓他們沒有太多的挫敗感，才能讓孩子順利進入穩定學習的歷程。因此菲比英文Phoebe English所有課程都以此為前提，完整規劃從3歲一路到18歲的課程，以學生為主體的因材施教，全程全英文的學習，從課程規劃、教材準備、教室的學習環境

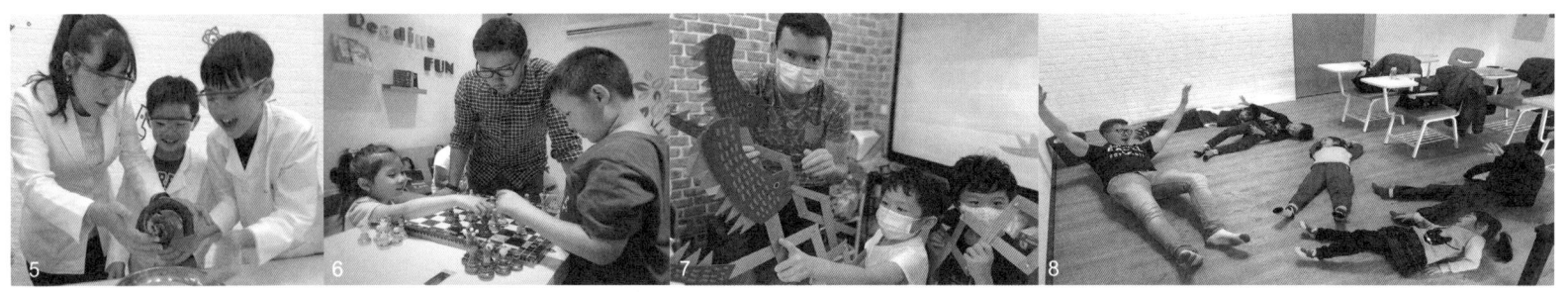

1.萬聖節，全校扮裝鬧關趣　2.引發學生學習動機，與孩子們快樂學習　3.吉祥物菲菲與老師們到校參與運動會　4.耶誕節，老師和高中班同學們交換禮物　5.跨領域學習　6.外師帶孩子們下西洋棋　7.外師STEAM 課程
8.豐富的肢體動作讓學生們輕鬆學英文

等，都在十分安全值得信賴的狀況中發生，不會讓家長多費一分心力。Phoebe並以3歲的五感體驗課為例，他會設計有許多小環節的手作活動課，讓孩子們在每一個手作活動中去體會跟學習運用英文。「在生活的情境中帶入英文，孩子們就會很快進入狀況。」銜接的小學初階課程則以螺旋的思考方式，不停循環練習，並搭配肢體回應教學法（TPR），用身體的動能來幫助學生一次一次地適應英文語境，以此方式到了小學中年級以上，學生們不論是單字或文法，銜接都很快速。而面對國高中生最討厭的英文閱讀，Phoebe老師用心設計「英文說笑話比賽」，學生們不但克服了討厭閱讀的問題，還延伸培養出「聽得懂笑話的笑點」、「

說得出笑話的哏在哪裡」的語感與聽力，形成一個成功又自然的語言溝通方式。暑假的生活情境課程，則是Phoebe老師創造「探索力」的核心，因為他把整個大自然或是社會變成教室，先讓學生在教室理解知識，再帶他們到大自然、法院、郵局、文具工廠等生活現場，用全英文實境教學。Phoebe老師認為，如果孩子們在台灣就習慣這種教學模式，「以後出國就沒有轉換環境的困擾了」。

陪學生成功申請國際級大學 證明探索能開創理想的未來

Phoebe老師有一個台南女中的學生，希望申請亞洲排名第四的香港大學就讀，菲比英文的團隊陪著這位學生準備書審資料與考試長達一年，孩子雖因考試成績差一點小距離而沒有達到標準，卻因為書審

資料極為用心，破例獲得線上面試，最後也因著孩子絕佳的全英文口說表達能力而被錄取，這讓Phoebe老師既驕傲又窩心，證明他所堅持的教育理念是可以帶來亮眼的未來。

莫忘初衷才能建立價值 教育產業需有滿滿熱忱

「教育畢竟不是純粹的商業行為，必須很確定核心理念是什麼，初衷要一直鎖在心裡。」Phoebe老師說: 教育的本質其實是建立在一種對未來憧憬的理念上，老師們都是透過對孩子的熱忱來實踐理念。「財務的壓力有時會影響創業者的方向。」但Phoebe老師對教學的熱忱照亮了他生命的方向，而創業則讓Phoebe老師的教育理念，獲得實踐，豐富圓滿了人生之路。

菲比英文｜商業模式圖BMC

 **重要合作**
- 聖曜課後照顧中心

 關鍵服務
- 教學服務

 價值主張
- 以滿滿的教學熱情陪伴引導孩子們用英語探索生活

 顧客關係
- 個人協助

客戶群體
- 3-18歲對英文學習有興趣之孩子

 核心資源
- 課程規劃
- 教學策略
- 團隊專業教師

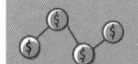 **渠道通路**
- 親友介紹
- 老師推薦
- 粉專
- 路過被招牌吸引

成本結構
- 人事成本、營運成本、設備採購與維護、教學用品成本

 收益來源

課程銷售、教學服務

Tip：教育事業不只是商業行為，必須投入滿滿的熱忱以維持「不忘初衷」。

Tip：願景的溝通是創造終極信任的必要。

創業 Q&A

1.生產與作業管理

定期開會、每日回報很重要 總部於年初制定年度計畫與每個月的執行目標，每週固定與各校、各組開會，共同確認總目標與各分校、各組別執行之計畫與進度。各分校、各組員每日確實回報執行遇到的困難，以利主管及時協助與改善，能有效降低修正、偏離目標時間。

2.行銷管理

口碑式行銷 我們相信好的教學品質是最好的行銷策略，專注於提供優質師資、定期檢核、學習環境、電訪、節慶活動，讓學生確實提升實力，家長間的口碑推薦與社群評價是最有效的行銷。

3.人力資源管理

我的專業領域在教書，所以選才、招募師資都是親自面試，我們擴張速度快，所以列出各職責必要條件，找到專任專職的夥伴是很重要的。實際上線後，我會觀察每個員工的優點，讓其執行最適合的任務。

4.財務管理

成長增速最需要的是人才的引進，這個也許是在財務上，最燒錢的部份了。

敦儒資優文教

文迪 Windy Shih
創辦人

不只是補教業，對待孩子就像自己的一樣－敦儒資優文教

文迪，敦儒資優文教的負責人，在十八歲就踏入補教業，從基層的電訪人員開始，一路從家教老師、輔導老師晉升到講台上的講師，當了講師後，開始到各個補習班兼課教學，因此看過不同補習班的經營模式，就這樣持續了一段時日，漂泊在各個補習班之間，文迪覺得時機成熟了，因緣際會下她在朋友的介紹下將原本的補習班頂下來經營。

不僅做好基本教育，更重視人格特質

很多人認為補教業是服務業的一種，但文迪可不這麼看待，她當然還是會提供基本的服務給家長及孩子，但她始終沒有忘記教育才是她的本分、也是她踏入補教業的初衷，文迪認為補教業的存在就是因為孩子在學校沒有學得完整，是孩子加強課業的地方。敦儒除了加強國中小的課業以外，還有英文檢定證照班，特別的是，寒暑假會舉辦全天的營隊，帶著孩子上模型課、打漆彈或密室逃脫等的體驗，她要的是培養孩子求勝的心志，讓孩子在活動中學會為

了榮耀而努力，也透過活動讓孩子們體悟同儕間的團結合作精神；不僅做好基本的教育，更重視人格特質的養成，培養孩子有良好的想法及態度。

教育孩子要有解決問題的能力

文迪認為補教業的本質就是教育，也分享到通常孩子有時候在學校沒有學到或不清楚，才要來加強更多的學習跟成長，更認為改變孩子本身對責任感的態度，更應該要培養孩子自己解決問題，而不是一昧地給出答案，背考題背答

案！更應該要有自己思考的能力，在未來才會成為能獨立的人格！並且，文迪也會引導孩子養成良好的觀念，這些更是一直在致力的核心價值！

引導孩子養成良好的觀念，對待孩子就像自己養的一樣！

此外，老師的以身作則很重要，因為孩子更會在師長及家長的行為而去效法，就像有人說到，孩子的行為都是反映身邊的家長日常的行為，一言一行孩子其實都看在眼裡，所以家長及

1. & 2. & 3. & 4. 敦儒資優文教，不僅做好基本的教育，更重視人格特質的養成　5. & 6. & 7. 敦儒資優文教，教學讓學童人格發展更完善

8.敦儒資優文教美語教材-GEPT英檢&兒童發音、兒童文法系列

師長的行為是根本之道！然而，引導孩子養成良好的觀念，協調讓孩子變得更好，並且檢討自己，讓他人格發展更完善！文迪更說到：對待孩子就像自己養的一樣！

終保持著初心，當孩子在學習之旅上指引方向的燈塔

一路走來，敦儒獲得許多家長的正面反饋，但文迪不因此自滿，相反地，若是孩子付出了努力卻沒有得到相對的回報，她反倒會因此感到愧疚，她認為把孩子的成績顧好、品行養好皆是她身為教育者應盡的本分，「對待學生就像自己的孩子一樣」文迪說道，踏入教育產業十年有餘她的熱情不減反增，也許是對於教育的命感，她自始至終保持著初心，當孩子在學習之旅上指引方向的燈塔。

敦儒資優文教 | 商業模式圖BMC

重要合作
- 學校
- 家長推薦

關鍵服務
- 一般正規的課業
- 國小國中英檢證照課
- 寒暑假舉辦全天的營隊，模型課帶孩子出遊打漆彈 密室逃脫

價值主張
- 補教業的本質就是教育孩子，就是在學校沒有學到才要來加強改變孩子本身對責任感的態度，培養孩子自己解決問題，自己思考的能力，引導孩子養成良好的觀念，一直在致力的核心價值除了服務強化教育態度、想法、責任、人格特質的培養

顧客關係
- 共同協助
- 個人協助

客戶群體
- 學生
- 家長

核心資源

- 學術知識
- 教學經驗
- 師資陣容

渠道通路
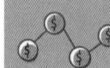
- 實體空間
- 官方網站
- Facebook

成本結構

- 人事成本、教材印刷成本、營運成本、設備採購與維護

收益來源
- 課程收益

TIPS:熱愛最基本，但是空有熱情是無用的，存活下來是解決問題的能力！

TIPS: 引導孩子養成良好的觀念，對待孩子就像自己養的一樣！

創業 Q&A

1.生產與作業管理

設定目標、安排進度、預定達成與完成時間，最後進行整合檢視。

2.行銷管理

透過粉絲團（客戶常用管道）、line@、網頁推播等傳播媒體進行廣告。

3.人力資源管理

對象必須是對公司忠誠且方便管理，我們不需要任何員工進行加班，只要在工作
期間將安排的事項完成、並且不遲到早退、不隨意請假，有辦法安排工作進度並
且適時回報，這就是一個優秀的人才了。

4.研究發展與管理

發展特色性課程或活動，並且適度行銷公司形象。

5.財務管理

實體課程的進行是目前主要的獲利模式。

悠護行動
植寵
李承軒 Richard Lee
總經理

守護毛孩、與毛孩家人悠然相伴—悠護行動

李承軒博士，悠護行動公司，同時也是植寵愛品牌創辦人，擔任動物用藥研究員期間，有感許多動物因病受苦，決定將自身專業結合品牌，研發更多寵物保健用品，受惠動物也幫助飼主。然而品牌初期朋友即遭劇變離開團隊，這對李博士無疑是一大打擊。即使如此，李博士抱著一顆純粹為動物好的信念，堅持下去，直到「悠護行動」至今受各方單位大力肯定。

將「愛護」付諸行動、創立品牌

悠護行動創辦人-李承軒，是位擁有化學工程背景的博士。愛護動物、擁有柔軟心腸的他，過去曾擔任動物用藥的研究員，期間看過無數動物生病時的痛苦、飼主焦慮無助的心情，於是李承軒博士召集各方好友成立團隊，結合自身專業，找尋臺灣優質的原料、致力開發出能安心讓寵物使用的保健產品。純粹為動物、為飼主盡一份心力的起心動念，李承軒博士將這份心意化為真實行動，創立「悠護行動」，並建立「植寵愛 寵物生技」這個品牌，期望透過

悠護的產品，飼主能悠然自得、輕鬆守護心愛的寵物。

不能改壽命，但改善動物生活品質

「或許不能改變動物的壽命，但能改善動物的生活品質」如何讓毛小孩的日常活得更加健康、讓飼主照顧起來更沒有負擔，是悠護行動的核心理念。悠護行動兩大項主要產品，其一是毛小孩的血糖控制保健食品，使用在地臺灣桑葉、芭樂葉等植物萃取出來的成分，能有效預防糖尿病、腎臟病、白內臟等多種慢性疾病;另

一項是皮膚營養膏，萃取自臺灣花蓮的黃芩，針對異位性皮膚炎、濕疹、指尖炎、黴菌感染等皮膚問題做使用，更棒的是，李總研發出的皮膚營養膏，經實驗證實，功效比擬類固醇，卻無類固醇的副作用，除此之外還能提升毛孩免疫力，對飼主無疑是一大福音。悠護行動產品除了受飼主信賴，也獲得國家級單位肯定，受到行政院國發會基金天使投資案的關注，肯定其產品及技術。也與農委會、農科院、生技中心、植物新藥研發聯盟密切合作，持續開發

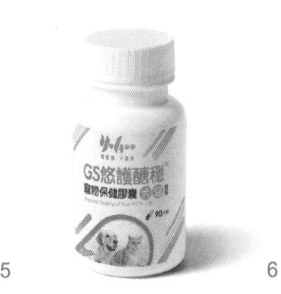

5　6　7　8

1. 台大管學院邀請演講 2. 李承軒博士將植物成分萃取，至入寵物藥品，改善寵物生活品質 3. 流浪動物認養會義賣活動 4. 亞洲生技展，農委會主委親臨展攤 5. GS悠護醯穩寵物保健膠囊(犬貓適用)

6. 悠護植樂膚草本洗毛精(分深&淺色毛專用) 7. 悠護植寵愛商品宣傳海報 8.悠護植樂膚-草本皮膚舒敏乳膏，不含類固醇，無副作用，純天然植物萃取

臺灣適合做動物用藥的原料。在去年的生技展、國際醫療展，悠護行動受到農委會陳吉仲主委的大力讚賞，連副主委自家寵物使用的也是悠護行動的產品，優質口碑吸引外國廠商前來洽談合作，未來更計畫開發保養品、面膜、乳液等人用產品，李總期許未來能將技術運用至更多層面，受惠更多族群。

堅持信念，直至今日成績亮眼

悠護行動在如今看來成績亮眼、獲得國家單位及民眾肯定，創業初期卻絕非順利。創立的第一個月，就遭遇其中一位合夥人，因心肌梗塞離世，人脈、金源也隨著這位好友的離去徹底瓦解。措手不及的噩耗、突如其來的資源短缺，尚未問世的理念就要嘎然而止。李總掙扎許久，決定堅持自己的理念，愛護毛孩家人的心情不變。信念喚起李總的初心，從零開始，李總的博士背景，只能放下身段、力求他人協助，為的是讓品牌撐下去，慶幸堅持的結果是美好的、也才能讓更多飼主及毛孩有機會使用悠護行動產品，得到健康的改善。李總分享，兩年前血糖產品上市時，一位飼主透過關係聯絡到李總，她收養的流浪狗，已十四歲是高齡老犬，且體內的腫瘤病變，導致嚴重的腹積水問題。飼主對狗狗的病情束手無策，決定嘗試悠護行動的保健食品。沒想到效果超出預期，原本四肢無力、行動不便的狗狗，不能自行如廁，在定期服用產品後，狗狗能自行站立、如廁，飼主感謝悠護行動在狗狗生前，改善了狗狗的生活品質。李總深感，實踐了「不能改變動物壽命長短，但能改變動物生活的品質」，這份初衷，是堅持下去的動力，也是支持在這份事業成就感來源。

理解自身能耐、腳踏實地

悠護行動未來的目標，除了繼續研究台灣本土優良植物，研發更多優良皮膚外用產品及動物用藥，團隊已經研發出能延緩動物老化的產品，這是全世界都未有的植物原料技術，團隊已有實際動物實驗數據，尚未公開發表，未來也會將此技術擴展到人類可用範疇。李總和團隊在創業初期，資源缺乏，放下身段、接受建議，整合手邊資源人脈，單打獨鬥是無法創業，打天下。創業建議，不要害怕當員工，做過才能理解團隊基層運作，在未來當老闆才能以各角色思考，發號施令、管理團隊。

重要合作

- 農委會
- 農科院
- 生技中心
- 生技公司
- 寵物食品廠
- 植物新藥研發聯盟

關鍵服務

- 寵物皮膚外用產品
- 寵物血糖控制保健食品

價值主張

- 愛護動物，也守護飼主，致力開發台灣在地優質植物原料，應用至動物外用、內服產品，未來預計擴展至人用產品。

顧客關係

- 各通路銷售

客戶群體

- 希望寵物能安心使用、寵物有皮膚問題、血糖問題之飼主

核心資源

- 過去擔任動物用藥研究員經驗、並成功開發第一款台灣動物用藥經驗、台灣在地植物原料來源、植物萃取技術

渠道通路

- 實體空間
- 官方網站
- 媒體報導
- 博客來電商

成本結構

- 營運成本、人事成本、設備採購與維護

收益來源

產品售出收益
、廠商合作利潤

Tip：腳踏實地，行動比別人快，但要能不急躁。　Tip：將基礎紮跟紮穩，卽使未來遇到挫折、風浪，才能在這一波波的浪潮挺下來。

創業 Q&A

1.生產與作業管理

以專業化工與生物技術，結合台灣傳統農業，創造台灣農業新價值。找出植物中的稀有成份，經過一連串實驗證明功效，開發出專屬毛小孩使用的皮膚保護修護產品，並創立品牌"植寵愛 寵物生技"。下一階段將邁向寵物用藥的開發，目標成爲台灣國產寵物用藥領導者。

2.行銷管理

不定期舉辦專業講座活動，由李博士本人及動物醫學專家共同主講，邀請毛爸媽一同認識植寵愛的產品。也建立線上直播頻道，定期推出毛小孩健康知識站等節目，與各位毛爸媽一同分享更專業、更易懂的毛孩健康知識。

3.人力資源管理

啟動首輪募資，以動物用藥開發爲主要方向，除了開發第一款植物性寵物皮膚用藥之外，下一階段目標爲開發貓腹膜炎治療用藥物。期待拓展團隊規模成爲至10人，包含研發團隊、行銷策略團隊、品管團隊。

4.研究發展管理

成長至10人以上團隊，成立專業的動物用藥研發團隊，並以植物性成分爲主要核心技術，開發一系列寵物相關健康產品。

YLTECH

萬宇國際

林鈺仁&林鈺峯 Rain & Yu Feng Lin
共同創辦人

期許公司就像宇宙般浩瀚的規模-萬宇國際有限公司

林鈺仁與林鈺峯，萬宇國際有限公司的老闆。兄弟倆從小就喜歡玩車，且對於汽車有著濃厚的興趣，畢業後的倆人便自然而然地朝汽車零件的改裝及生產發展，並攜手開創「萬宇國際有限公司」。

不只做生產，更重視售後服務

萬宇國際的服務範疇確實十分廣泛，涵蓋了齒輪、機械加工、防滑差速器、避震器等的汽車零件生產，而最主要是以生產煞車卡鉗及整套煞車系統為主，林鈺仁與林鈺峯提及，早期市場上皆以**Brembo**及**AP Racing**等國外進口知名品牌的多活塞卡鉗為主，不僅單價較高，若改裝後，碰上煞車時有抖動、異音、漏油等棘手的問題也較難解決，林鈺仁與林鈺峯倆兄弟，也因此接觸到台灣國產的卡鉗，倆人認為台灣加工技術精密度不會輸國外，而且台灣在

地的生產，對於客戶而言也比較有保障。

爾後，林鈺仁便投入設計，從撰寫程式到畫圖皆不假他人之手，而林鈺峯，則負責操作機器及生產加工，兩人各展長才、提供一條龍的產品，不僅如此也提供客製化的服務，顧客可以隨心所欲搭配喜歡的顏色，甚至擺上自家logo，不僅做生產、也重視售後服務，這就是萬宇國際，蒸蒸日上的不二法門。

有興趣，才能把事情做到好

如今，萬宇國際儼然已成為汽車改裝維修的指

標性店家，合理的價格、高級的品質讓許多愛車的車主慕名而來，未來林鈺仁與林鈺峯也規劃量產，希望提升產能以應付紛至沓來的顧客，並擴大空間及增加機器與人手；而公司的規模日益茁壯，更呼應了公司名背後的涵義——「萬宇」——象徵著期許公司的規模可以壯大猶如億萬個宇宙般浩瀚，而林鈺仁與林鈺峯兄弟檔也著實朝著宏遠的目標邁進，林鈺仁更說到：「有興趣，才能把事情做好」，儘管開業迄今已十五年之久，兄弟倆依舊像當年愛玩車

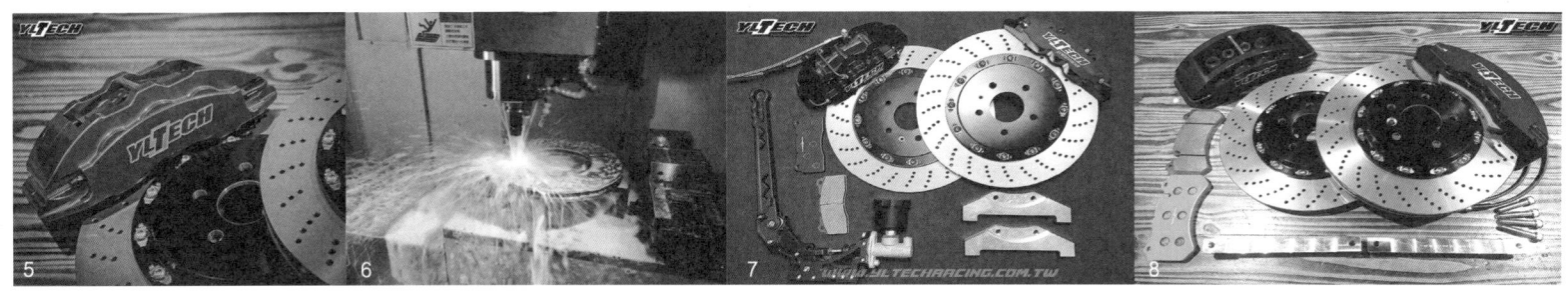

1. 台灣台北AMPA汽車配件展覽 2. YLTECH鍛造超級大八卡鉗，車廠組裝 3. 廣州汽車改裝配件展 4. 彰化賽車節 5. YLTECH鍛造大六卡鉗 6. 煞車碟盤製作過程

7.YLTECH甩尾專用 雙油路手煞車雙片式碟盤套件 8.YLTECH鍛造超級大八卡鉗雙片式碟盤煞車套件

的年輕小伙一樣充滿熱忱，把每輛汽車都當作當年自己買下來的第一輛愛車那般看待。

用心把控每一件產品，件件安檢

萬宇國際，身為專業汽車改裝零件開發製造商，主要產品為 鍛造煞車卡鉗套件、避震器、來令片、渦輪增壓套件、機械增壓套件、引擎改裝套件、變速箱強化齒輪、強化離合器、LSD限滑差速器…等等，所開發的產品皆經過多年來的努力研發，產品生產及組裝是我們最注重的流程，所有加工之零件都必須精準的控制在所規範的容許公差內，超出一微米都必須打掉，每一個組裝完成之產品，都必須做檢驗，而非抽檢，確保產品之耐用性，及安裝後之安全性！以賽道競技為目的的嚴苛測試，不斷精進改良才發表上市，特殊改裝零件，本公司可代為設計、開發、生產，歡迎各代理商、經銷商、OEM合作。卡鉗本體以6061T6高強度鋁合金為素材、經過6000噸高壓鍛造成型之毛胚，再以精密CNC銑削及高精密度搪孔之卡鉗本體，加上經過高精密度無心研磨及高硬度硬陽處理之鍛造7075鋁合金活塞，和德國原料製成的高精度煞車專用油封，搭配耐高溫彩色塗層或高硬度陽極處理上色，堪稱底盤配件中，最美的藝術品。

萬宇國際｜商業模式圖BMC

 **重要合作**
- 店家
- 經銷商

 關鍵服務
- 《我創業、我獨角》系列叢書
- 網路行銷
- 影音上架服務

價值主張
- 專業汽車改裝零件開發製造商，主要產品為鍛造煞車卡鉗套件、避震器、來令片、渦輪增壓套件、機械增壓套件、引擎改裝套件、變速箱強化齒輪、強化離合器、LSD限滑差速器。

 **顧客關係**
- 共同協助

 **客戶群體**
- 店家
- 個人品牌

核心資源
- 創業專訪拍攝
- 創業故事收錄出版
- 汽車雜誌專訪
- 新聞報導

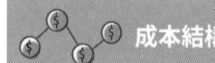 **渠道通路**
- 實體店面
- 官方網站、媒體報導
- FACEBOOK
- INSTAGRAM
- 蝦皮購物
- 奇摩拍賣
- 露天拍賣

 成本結構
- 人事成本、原料成本、營運成本、行銷費用

收益來源

服務費用、產品售出費用

創業 Q&A

1.生產與作業管理

產品生產及組裝是我們最注重的流程，所有加工之零件皆須精準的控制在所規範的容許公差內，超出一微米都必須淘汰，每一個產品組裝完成都必須經過檢驗，而非抽檢，確保產品之耐用性，及安裝後之安全性！

2.行銷管理

目前台灣本地行銷為公司網站及臉書及各社群網站和各配合之安裝廠商銷售及後續服務，並且陸續開發協力廠商，國外因疫情關係暫停所有參展計劃，待疫情趨緩後將安排參加各展覽及比賽車隊贊助參賽計劃。

3.人力資源管理

公司合作之對象多數以汽車改裝零件商和汽車改裝廠或精修歐系車廠為主，配合的廠商會有產品安裝及後續保修之課程，確保安裝的完整性及後續保修能力！

4.研究發展管理

後續希望能取得各項國際認證，像國外改裝大廠能幫原廠制訂 performance 部門或者合作開發特仕版本之車輛。

萬宇國際

tel: 04-2639-1983
line: @veq6116e
web: www.yltechracing.com.tw
add: 台中市梧棲區港埠路一段160號

Chapter 3

Chapter 3 目錄

160

148

156

Dr.L-3

星創藝文創

STARSTUDiO

張又仁 You-Ren Chang
創辦人

別具匠心的設計、貼上獨一無二的標誌
—STARSTUDiO星創藝文創

張又仁，STARSTUDiO星創藝文創的品牌負責人。從小就對畫畫及設計和電玩相當有興趣，學生時期便開始與朋友一同設計貼紙上網販售，最初是以電玩3C為主，隨著客源累積愈來愈多，也逐漸延伸至車體貼膜、廣告看板等大範圍設計，秉持著職人精神持續開發產品項目，希望讓貼紙設計發揮價值與更多產業交流與結合。

依循興趣、嶄露天賦，投入貼紙設計

張又仁從小就對美術及設計懷有濃厚的興趣，逛藝術類的展覽、博物館及觀賞街頭藝人表演都是他平時的嗜好，每每欣賞一幅畫作或藝術作品都可以浸濡在其中許久，對他而言，靜下心來專注地看表演、走入藝術的世界是很自在舒服的，他更語帶靦腆地說：「住在美術館裡是我小時候的夢想！」爾後，他便依循自身興趣開始研究並從中尋覓成就感，他將對藝術的天賦展現在貼紙設計上，並發現到日本文化相當流行將貼紙貼在電玩及不同物體上，但當時在台灣卻鮮少有人這麼做，於是他與朋友開始設計貼紙上架於網路販賣，想藉此推廣貼紙文化，並順勢創立了「STARSTUDiO星創藝文創」。

不簡單設計，無所不貼、隨處可見

貼紙最初是樂團、饒舌、街頭、嘻哈等次文化團體訴說理念的渠道之一，進而掀起一股潮流，是一種表達的形式、也是一種風格的體現，他希望藉由獨特的設計將貼紙的價值發揮到最大，並達到「無所不貼」只要可以貼上貼紙的物體都是他的目標。工作為他獲得許多意料之外的合作機會，原本負責設計貼紙的他，也延伸到廣告設計及廣告工程，還負責為業主安排水電工、木工等專業團隊，不斷累積不同的經驗後，拿手的設計項目也隨之愈來愈廣泛，服務亦走向精緻的客製化。其實貼紙的應用範疇十分廣泛，幾乎各行各業都可使用到，舉凡一般常見的車體貼膜、廣告設計貼紙、廣告看板、數位貼紙，延伸到特別的裝潢空間、玻璃、門窗、家具貼膜等等，都可以依照案主的喜好

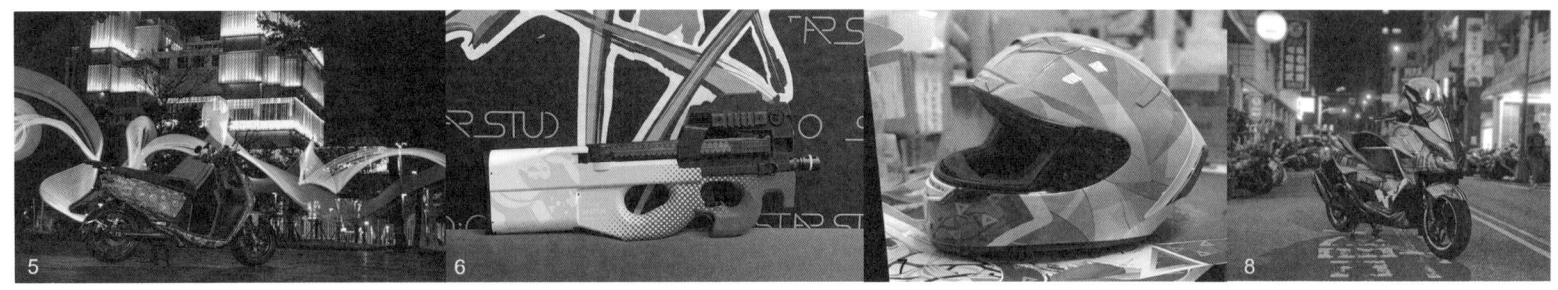

1. TPU透明犀牛皮施工 2. 客製化汽車,彩貼設計施工 3. 娃娃機貼膜設計施工 4. 販賣機及打卡佈景設計施工 5. 客製化機車,彩貼設計施工 6. 客製化生存槍,彩貼設計施工
7. 客製化安全帽,彩貼設計施工 8. 客製化重機,彩貼設計施工

客製化,甚至還接手日本動漫授權為娃娃機及飲料販賣機做貼膜,足見他的實力不容小覷。

不馬虎職人精神,不到最好不交差

然而全客製化的服務光是在前端的發想與溝通會耗上好一段時間,後端的設計及製作的程序也相當繁瑣,有許多細節及變動因素都可能影響到成品呈現,除了維繫現有客戶的關係,還要兼顧店面的現場客及網路客服,經常忙到分身乏術,客戶也需要耐心等候漫長的製作時間,張又仁語帶歉疚地說道,雖然有時會受到客戶的催促,但真正成品交件後往往會讓客戶為之驚艷,看到成品如想像般完美,態度也會隨之轉變,前面等待期的不耐亦早已煙消雲散,

甚至向身邊的人大力推薦,這對張又仁來說更是偌大的成就感。張又仁說:「我不喜歡為了賺錢而草草了事。」即便設計需要漫長的過程,偶爾還會遇到客戶的不諒解,但他始終秉持職人精神,每個作品都一定要達到自己的標準才肯交差,也因為他的工法細膩、為人細心且老實,收到許多正面評價、受到客戶的大力讚賞。

勇敢踏出舒適圈,磨去孤僻的稜角

從學生時期就開始從事網拍,一畢業就投入創業,雖然也曾想過要踏入職場,但一頭栽進貼紙設計的張又仁擔心時間被分散掉,而無法好好維持工作室的營運,決定集中火力在自己的事業上,隨著客戶量愈來愈多,漸漸從網路販售擴張到實體店點,對

消費者、與其互動,他也強迫自己突破不擅溝通的層面,他踏進這個產業已經十個年頭,創業路上無數的挑戰也磨去了他原本內向的個性,一改以往孤僻封閉、獨來獨往的性格。

永續善循環,盡一己之力助人圓夢

持續開發更多的產品項目,並結合更多產業的交流與合作,並拓展店面的規模,及更大型合作。「有成就,是對一路上幫助過我的人最好的回饋!」「不要把獲得當作理所當然,不要得失心太重、太過挫折,那會過於貪心,要有目標地前進,但不帶目的性地做事。」「幫助別人自己也會一直進步,會循環回歸到自己身上。」他想成為實現夢想的策畫者。

重要合作

- 印刷廠
- 材料商
- 露天拍賣
- 蝦皮拍賣
- PChome

關鍵服務

- 車體彩貼
- 痛車設計
- 版型設計
- 貼紙系列設計
- 車殼傷痕遮瑕
- 大圖輸出、電腦割字
- 電腦周邊配件美工編排
- 手機周邊商品汽機車包模

價值主張

- 「無所不痛、無所不貼」專屬自己的風格,「完全客製化服務」,以符合客人需求為主,按照客人的喜愛量身製作,讓STARSTUDiO 星創藝創造出屬於你的FRE-E STYLE,成為最佳的客製方案

顧客關係

- 異業合作
- 個人協助
- 預約制

客戶群體

- 廣告公司
- 愛車人士
- 動漫愛好者

核心資源

- 完全客制化服務
- 專業技術
- 經驗累積

渠道通路

- 官方網站
- 實體空間
- 購物網站
- Facebook
- Instagram
- Line@

成本結構

- 人事成本、設備與材料成本、營運成本

收益來源

服務費用、產品售出收益

Tip:要有目標地前進,但不帶目的性地做事。 Tip:幫助別人自己也會一直進步,這些回饋終究會循環回歸到自己身上。

 # 創業 Q&A

1.生產與作業管理

客製化的項目是非常需要客戶協助溝通，瞭解完需要的內容和想法，我們會用我們擅長設計的風格去融合完成客人所想要的樣子，盡力達到超乎預期的呈現 讓客人覺得等待是值得的。

2.行銷管理

接下來會主打更多汽車項目的貼膜廣告，也會盡快將之前幫客人完成的範例照，全部上傳分享，持續循環各種高質量設計的貼膜廣告，凸顯我們客製化的特色。

3.人力資源管理

短期內是希望可以再增加網拍美編相關人員和現場施工人員，還是想回去把電商這塊重新熱絡起來。

4.研究發展管理

車貼只是一個出發點，還是想以企業化的目標發展持續角逐各個領域，做到真正的資源整合，達到產品開發外銷全球的最終目標。

5.財務管理

目前可能會遇到人力資源、場地、資金的各種限制，只能先求有再求好穩紮穩打，再繼續向前邁進。

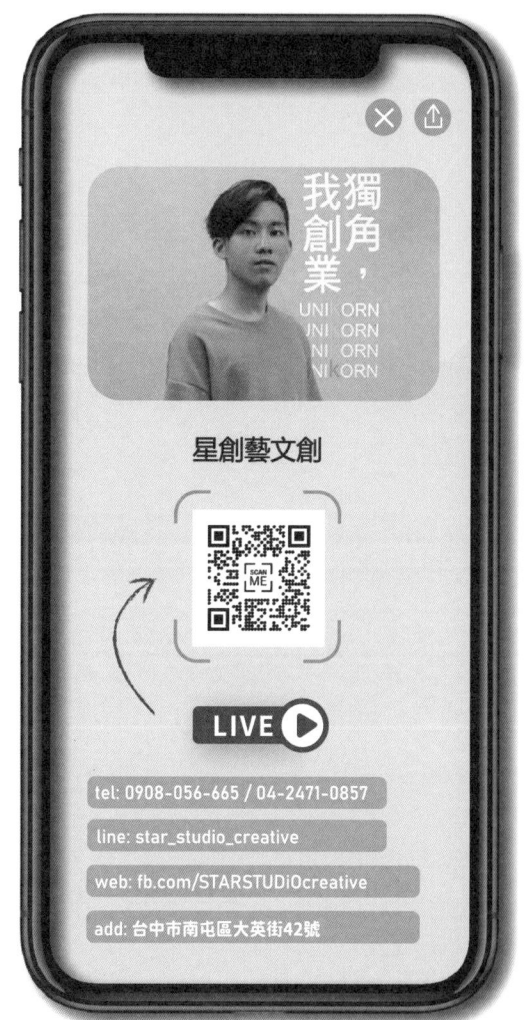

寶網數位國際

蔡奇展 Michael Tsai
執行長

GEMSWEB
寶網數位國際有限公司

看到傳統店面臨時代洪流下的苦境，自身先轉型再去幫助他們升級–寶網數位國際

蔡奇展 Michael Tsai，寶網數位國際有限公司執行長，早年從事珠寶販售業務，業務範圍擴及全台，走訪各地拜訪無數珠寶商家及銀樓，這16年來，看到時代的進步及消費習慣的改變，讓他對這些傳統商家的困境深感不捨，因此自身先轉型創立科技公司，一來可以有更多時間陪伴家人，二來是可以幫助更多傳統商家進行數位轉型，一起共好。

從珠寶販售起家，再進行數位轉型

蔡奇展執行長是做珠寶販售起家，從事珠寶販售行業已經16年，那幾十年間都隨身攜帶著珠寶，走訪全台大街小巷，並一一登門拜訪各個珠寶銀樓店面向他們販售，且因業務範圍大，工作時數長，無法好好陪伴家人，且隨身攜帶貴重的珠寶相對的風險也比較大，加上16年來累積的經驗，看到很多珠寶實體店面遇到的痛點，所以為了幫助這些珠寶銀樓轉型、也讓自己能夠更多的時間陪伴家人，毅然決然的將營業項目做轉型，從原本的珠寶販賣轉成科技公司，並成立「JewelCity Meta」。蔡奇展執行長將轉型後的企業定位在數位科技公司，他在互聯網上建構一個JewelCity Meta，它是商務拓展型平台，在這裡可以提供最直接的線上媒合交易O2O (Online To Offline)，也幫助店家們利用網路無遠弗屆的力量提高曝光度、協助升級及快速無痛轉型，只要是販售珠寶的企業無論是傳統銀樓、一般實體店面或是批發商等，都可以在這個平台上做線上的展示，且平台上寶石規格已經設定好一定的規格，就是專注在平台上能夠負責的領域，秉持專注極致的職人精神來服務，為這個產業帶來更方便的通道並協助傳統珠寶店家數位化的轉型，這是平台始終要去貫徹的「利他」精神，攜帶著這個產業一起共好。

不捨傳統商家面臨的困境，發揮利他精神去幫助他們

累積16年做珠寶販售業務的經驗，也看了無數的台灣在地珠寶實體店面，在這段期間，蔡奇展執行長觀察到整個珠寶產業的辛酸以及面臨

的幾項挑戰，包含消費型態的改變，現代人在網路上購買買逐漸取代去實體店面選購，因此實體店的營收大部份被瓜分掉，再來是國外品牌的進駐，許多知名國外品牌挾帶著名人加持、大量行銷及廣告，衝擊到台灣本土珠寶銀樓通路，另外現在資訊發達，客人可以事先在網路上多家比較，所以以往的黃金店面等實體店已不再吃香，面對的行銷推廣挑戰更大，最後是實體店支出昂貴，社會通膨逐年成長，物價年年墊高，人事成本及租金成本也不在話下，因此，蔡奇展執行長統整以上痛點後認為傳統實體店家的數位轉型是必然的，許多傳統實體店家本身資訊比較不流通，往往跟不上時代快速前進的步伐，因此蔡奇展執行長決定先從自身轉型，幫助這群店家轉往線上並增加曝光度，他也表示，很多實體店的經營者礙於人事、資金或是本身資訊不足，要再做線上銷售是分身乏術的，因此這個珠寶銷售平台的建立，可以幫助店家們省去很多時間及解決面臨的困境。

跟雲端系統企業合作，打造專業及友善平台

在很多人的印象中，經營雲端系統的公司，團隊本身設計及雲端架構要非常厲害，但蔡奇展執行長表示，他先前不是做雲端設計出身，但他有平台經營概念及初衷，所以跟國內的雲端系統商配合，由他們負責設計平台的架構，平台經營概念及初衷則交由他本人執行，平台資訊儲存是即時的，且搭載防毒防盜功能，讓商家們可以在這裡安心上架商品來展示商品。蔡奇展執行長回憶，基隆有家在地有名氣的珠寶商家，也加入這個平台的行列，遵循團隊引導的方式去展示及上架商品，短短1年間，在沒有廣告的前提下，已經增加約10萬的自然流量，直到現在，平均每一天都還有200~300的觀看人流，他很開心幫助到像這類在地傳統商家，讓他們的曝光度不因地制宜，能聲名遠播、增加銷售額。

寶網數位國際│商業模式圖BMC

重要合作
- 傳統珠寶相關店家
- 銀樓
- 雲端系統商

關鍵服務
- 平台商品出售
- 平台上的品牌上架

價值主張
- 從事珠寶販售行業已經16年，看到很多珠寶實體店面遇到的痛點，所以為了幫助這些珠寶銀樓轉型、也讓自己有更多的時間陪伴家人，將營業項目轉型，從原珠寶販賣轉成科技公司，並成立「JewelCity Me

顧客關係
- 個人零售
- 店家
- 企業服務

客戶群體
- 全台的銀樓
- 在地店家
- 珠寶商
- 周邊工具
- 一般消費者

核心資源
- 個人經歷累積
- 雲端系統商的搭配

渠道通路
- 官網
- FB
- E-mail

成本結構
- 營運成本、人事成本、店面成本、網站建置成本

收益來源

服務費用、平台收益

TIP：協助傳統實體店面快速轉型線上商店對接販售窗口

TIP：數位時代如果你想成功，可能需要放棄一些早期舊有的思考和行為方式，走出自己設定的舒適圈，接受新的知識、方法和新的挑戰。

創業 Q&A

1.行銷管理

企業定位在數位科技公司，在互聯網上建構一個JewelCity Meta，商務拓展型平台，在這裡可以提供最直接的線上媒合交易O2O (Online To Offline)，也幫助店家們利用網路無遠弗屆的力量提高曝光度、協助升級及快速無痛轉型，只要是販售珠寶的企業無論是傳統銀樓、一般實體店面或是批發商等，都可以在這個平台上做線上的展示，且平台上寶石規格已經設定好一定的規格，就是專注在平台上能夠負責的領域，秉持專注極致的職人精神來服務，為這個產業帶來更方便的通道並協助傳統珠寶店家數位化的轉型，這是平台始終要去貫徹的「利他」精神，攜帶著這個產業一起共好。

2.研究發展管理

公司的短期規劃是希望持續協助全台的銀樓、在地店家、珠寶商、周邊工具等產業鏈，讓他們認識JewelCity Meta這個平台，一起加入及共同展示，期許未來還能舉辦台灣首屆的線上珠寶首飾及寶石礦物聯展，讓更多人一同參與並看見這些優質商家們。並期許公司持續向數位科技的領域走的更常更遠，利用科技來解決產業界的問題，發揮利他精神，幫助更多業者是一直要去努力的目標。

創創文化科技

陳彥睿&郭芝辰 Rex Chen & Lannie Kuo
執行長及營運長暨共同創辦人

遊戲設計傳遞更多資訊、並提供舞台予學生發光發熱 –創創文化科技

陳彥睿及郭芝辰，分別為創創文化科技的執行長及營運長，營運長郭芝辰以她切身經歷分享，很多學生求職時無法得知自己的人生目標，所以畢業後還要花時間去探索，所以公司團隊不僅設計遊戲傳達正確的資訊達到教育目的，更提供舞台予學生們畢業後持續發光發熱，期許未來成為一個健全的產業鏈，讓更多人才共同加入。

打造平台給予更多人發揮，縮短畢業後開始尋找人生方向的時間

創創文化強調符合認知設計的教育遊戲，嘗試將這個概念帶到國、高中，提供學生一個可以參與的舞台，讓學生提前了解自己的就職及人生方向，例如啟發學生走多媒體設計、軟體設計或遊戲設計等。甚至促使學生公開在國際比賽上對著評審，侃侃而談自己的創作，就連平常給人內向感覺的學生，也能大方地介紹自己的作品，由此可知當他們在面對有熱情的事物，亦是勇往直前。所以有夢最美，希望相隨這件事情是有可能發生的。營運長郭芝辰說，創創文化試著打造一個平台，利用遊戲為主軸，讓學生們有機會發揮，甚至進入這個設計的產業，最後形成一個產業鏈，讓教育遊戲產業生生不息。至於如何生生不息呢？創創文化亦提供教育遊戲設計相關碩士畢業生，學以致用的機會，並讓更多人看見教育遊戲3.0的發展，吸引更多人參與，產業鏈這件事情才能逐漸成形。

藉由遊戲傳遞，讓知識概念植入人心

創創文化強調符合認知設計的「教育遊戲」。針對企業的核心價值及員工，設計遊戲。在遊戲中傳達企業文化，亦作為企業社會責任推廣及員工訓練使用。在國立故宮博物院專案中，將豐富館藏轉換成遊戲，藉由遊戲認識館藏後，吸引遊客踏入故宮參觀。團隊藉由遊戲，提升學習者的自主學習動機，進一步主動認識及研究。當電視上的廣告及節目都在行銷傳達，創創文化則藉由遊戲做行銷及教育，傳遞企業的經營理念、核心價值、商品特色。臺灣蘊含各種文化底蘊。郭營運長致力推動「HANALINE（巷仔內）」沉浸式自導文化導覽平台的開發及應用。希望台灣人，

1. 教育部部長在2022年書展，體驗創創文化科技團隊設計的互動遊戲　2. 協助國立故宮博物館舉辦親子桌遊活動　3. 創創文化科技創辦人與故宮院長吳密察見面　4. 創創文化科技舉辦國際遊戲化跨界論談

5. 創創文化科技作品　6. 在英國教育遊戲設計大賽，第一個獲得第一名的台灣團隊　7. 協助國立故宮博物館-線上遊戲，認識鎮院國寶書畫　8. 以各種遊戲載體傳達客戶的核心思想與價值

有機會知道臺灣的美好。創創文化利用認知設計及沉浸式的設計，帶領國內外遊客走進故事，進而認識地方文化與內涵。藉由HANALINE的文化推廣與行銷，把地方資訊、文化核心、社會價值，植入遊客心中。目前在Hanaline內，已有三個眷村故事及北海岸的永續尋寶遊戲。創創文化以遊戲為載體，將價值及觀念透過魔法植入人心。Hanaline讓旅客走入秘境；皇冠海岸覓境秘境用桌遊及萬人互動遊戲，了解旅遊行為對於永續的影響；思遊記用冒險遊戲幫助思覺失調症患者了解定期看診用藥及自我照顧的重要。

認知設計引領正確的方向，深入研究了解獲得顧客肯定

陳執行長表示，企業核心價值圍繞在符合「認知設計」的遊戲設計；舉辦國際比賽，期許讓更多人知道原來遊戲結合認知設計後會呈現不同的樣貌。郭營運長也說，藉由遊戲帶領出自學動機，延伸到現實生活中的學習、知識的傳達及幫助學習後的內化。顧客非常讚賞創創文化以研究精神了解客戶需求並進行主題設計；EGDA則被部分學校列入重點項目，並鼓勵學生報名比賽。學生能在EGDA中將自己的作品呈現給大家，更能藉由EGDA打造的環境，得到學界及業界專業人士的回饋。郭營運長表示

EGDA讓參賽不再是資優生的權利，因為每個學生都值得被鼓勵。因此打造一個舞台，協助他們找到有熱忱的事情，並放手去做。

擴大大眾對教育遊戲的認知，發展為健全的產業鏈

陳執行長說，短期規劃讓大家認識教育遊戲3.0，並認識認知設計導向教育遊戲的效果，長期則要建立教育遊戲設計的產業鏈。郭營運長說，先提高大家對教育遊戲產業的了解及重視，吸引更多人一同參與，才能發展成完整的產業鏈。並共同努力讓大眾認識教育遊戲設計是專業、重要且有極具價值的。兩位創辦人勉勵創業者要清楚知道自己的目標以及創業的困難。

創創文化科技｜商業模式圖BMC

重要合作
- 國立故宮博物院
- 交通部觀光局北觀處
- 國立臺灣圖書館
- 台科大、學校
- 企業

關鍵服務
- 遊戲設計
- 遊戲化整合行銷
- 沉浸自導式文化導覽
- 培訓課程
- 客製化課程

價值主張
- 企業核心價值圍繞在「認知設計」。長期希望將教育遊戲產業鏈建立起來，提高大家對這個產業的了解及重視，吸引更多人一同參與，才能發展成完整的產業鏈

顧客關係
- 體驗服務
- 企業服務
- 異業合作
- 教育
- 培訓
- 國際比賽提供

客戶群體
- 需要傳遞教育理念
- 企業核心
- 行銷推廣
- 其他教育需求的人
- 想要加入這個產業的人

核心資源
- 台科大培訓的學生
- 公司設計團隊
- 文史導覽工作室

渠道通路
- 官網
- FB
- E-mail

成本結構
- 營運成本、人事成本

收益來源

課程收入、
培訓收入、
客製化設計收益、
平台營運收益

Tip： 認知設計遊戲讓正確的資訊傳達給更多人知道，舉辦國際比賽及提供舞台，讓更多學生發光發熱

Tip： 如果要創業，就要決心做到底、做到好，了解自己的動力來源及核心價值，創業離不開堅毅跟堅忍

創業 Q&A

1.生產與作業管理

最了解客戶需求的人就是客戶本身。所以在開發每個專案時，我們需要客戶的最大協助，就是客戶能夠在允許的範圍內，盡可能提供我們需要的資料，這樣更能協助我們開發出符合客戶需求的專案內容。在溝通這點上，其實客戶都很能理解。畢竟，最了解自己的其實還是自己，我們需要做的就是給予一些引導，協助客戶去思考，如此能為雙方創造出最大的價值。

2.行銷管理

從接觸開始，就透過深入的對談，協助客戶釐清心中真正的需求內容。再根據客戶的需求以及客戶的受眾型態，我們提出不同整合方案，等到雙方確認彼此的理解無誤，即會開始進行內容的設計發想。過程中會歷經數次的修正調整，也會尋求內部以外的人員進行測試跟體驗，為的是最終內容的產出品質，除了符合客戶需求外，亦能真正的接地氣，接觸民眾。

3.人力資源管理

雖然大家同為一個團隊，但是每位成員皆具有自己的個性與風格，更需要認真的去認識每一位夥伴，根據不同夥伴的特性與風格，調整合作的方式，這過程都是要花時間去經營的。除了透過實際面對面的經營了解外，還可以透過相關的團隊領導課程或書籍，充實自己，從不同的模式中尋找最適合自己團隊的方法。

創創文化科技

我獨創角業，
UNIKORN
UNIKORN
UNIKORN
UNIKORN

tel: 0985-678-069　e-mail: icct@iccultech.com
web: www.iccultech.com/
fb: www.facebook.com/IC.Gamification
add: 台北市南港區東新街170巷13-1號3樓

頂尖無障礙科技

黃啟修 Frank Huang
執行長

專業且誠信的服務，進而幫助更多需要無障礙設備的客戶 –頂尖無障礙科技執行長

黃啟修，頂尖無障礙科技執行長，當年父親從日本看到的無障礙設備引進台灣並研究開發，因此退伍後一起加入父親的行列，在一次安裝過程差點失去生命，看到設備的瑕疵後進行改造，後來成功問世，並秉持「誠實、專業、熱誠、創新」的理念，服務好每一位客戶，讓客戶再去介紹並帶來更多有需求的客戶。

巨大變故 成就無障礙事業

「我在熱愛研發的父親黃子章先生影響下，從小就對各類工具、機械、機電有著初步認識與基礎。無障礙的開發是父親20年前在日本參觀展覽時得到的概念，第一代原型開發出來的時候，我正好承接這項業務，在一個金門小學的專案中，被重達200公斤的設備下墜壓個正著，導致雙腳骨折、當場無法呼吸，時值暑期校園內沒有什麼人，所幸奇蹟降臨，竟然出現兩三位老師將我救出送醫。在休養的過程中，萌生了『我要做一台永遠不會下墜的電梯』這個信

念。」這就是頂尖無障礙科技的起始。「我的父母給了我起始的機會，太太與岳父母的支持與信任是走下去的重要因素，最重要的是，我的信仰帶給我的價值觀，一直保守我到如今！」挫折與試煉是人生必修的課題，每一個人都要有幾位可以指引人生方向的好老師，更要有一個深入你心、從靈魂中給予力量的神。黃啟修感恩表示，「我有一位好老師——周思潔，她告訴我，每當挫折來臨就是『老師來了』，每一次的打擊與重新站立，都讓我與太太的連

接更緊密，對彼此的認識更深，而太太林菁菁也深有所感：「我們的『富有』，就是我們的日常生活。」

誠實、專業、熱忱、創新

執業至今，黃啟修始終秉持「誠實、專業、熱忱、創新」這四大理念。他指出，「誠實」是企業經營之本，一旦失去誠實，就會失去客戶的信任，自然也就失去客戶；而擁有「專業」，才能幫客戶發現問題，給予適當的建議與協助；具備「熱忱」，才能將客戶的家當自己家

頂尖客製化居家升降系統	
經營優勢	**設備特色**
1. 完全的技術掌握	1. 無機坑、無機房
2. 流暢的客製化程序	2. 有牆、無牆皆可安裝 (免採用RC昇降道工程)
3. 成熟的場勘技術	3. 現場施作工期短
4. 各工種的整合技術	4. 節省電力 (每月電費150~200元)
5. 穩固的供應鏈合作	5. 自主研發製造，零件充足
6. 專業的行政與施工團隊	6. 設備保養維護成本低 (保固2年，每半年保養一次)
	7. 二十年以上經營實績客戶好評

1. 頂尖無障礙科技公司 2. 黃啟修和妻子林菁菁 3. & 4. 頂尖無障礙科技員工聚餐 5. 室內鋼作玻璃電梯 6. 透天室外玻璃不透光電梯 7. 室內客製化電梯

8. 頂尖客製化居家升降系統經營優勢與設備特色

，耐心給予客戶最溫暖、適切的服務；同時，更要堅持「創新」，才能讓產品更好，以客製化服務滿足多樣化需求。尤其必須先有誠實，專業才有依歸；有了專業，熱忱才有揮灑的基石；擁有工作熱忱，才會萌發對創新的使命感。 他希望每位員工都能將這四個理念內化，並表示：「誠實與客戶溝通是最重要的開端，不能只以成交為目的，產品適合與否都必須誠實且專業地告知客戶，客戶的託付是我們一路領先、永續經營的原動力，也是神留我在世界上提供服務的原因。」

專業與耐心 圓滿客戶夢想

成立以來頂尖深耕22年客製化居家升降系統，黃啟修又花了2、3年時間讓「不會下墜的升降系統」正式上市，因應客戶需求，不斷調整、不斷更新，為了讓產品更臻完善，幾乎是不計成本。林菁菁坦言：「升降設備不是安裝好就好這麼單純，必須藉由場勘、通盤考量客戶家中的環境，整合各項裝潢技術……。除了滿足客戶需求，更要因地制宜，將升降系統完美融入客戶家中。也因此，我們有一些長期配合的廠商，便於為客戶統籌整合。同時，我們也不收中間的介紹費用，完全讓利給廠商與客戶，並能在前端為客戶的裝潢與安裝費用把關，這也是我們的核心競爭力。」 以客戶為優先的態度，讓頂尖收穫無數客戶的信任，甚至願意無償成為他們的DEMO案例，開放參觀試乘。一路走來頂尖收穫無數動人風景，林菁菁感動分享，有一位新竹客戶，為了癌症末期的爸爸，晚上拿著現金來到頂尖，要求以最快速度裝設升降設備，他說即使只有使用一天，也要讓爸爸搭乘升降設備；還有一位德高望重的大老闆，跑遍全台親自選擇升降設備，最後選中頂尖，為膝蓋不好的太太(董娘)裝設2停升降系統，董娘親口對他們說：「我已經20多年沒上過4樓了！終於可以去看看摸摸自己的老東西了，很開心。」這一幕幕風景都是支持頂尖繼續往前走的動力。

十年接班計劃 永續無障礙服務

抱持精益求精及永續服務的精神，下一個階段，頂尖將致力於服務的提升、設備的研發，以及傳承的培育訓練。不斷進步的企業才能永續，這也是對客戶的誠信與負責，也是頂尖下階段最重要的目標。

頂尖無障礙科技｜商業模式圖BMC

重要合作
- 精挑細選的配合工班，經歷多年現場磨練
- 保修團隊均經歷完整裝機/保養/維修訓練
- 長期穩定配合的加工及零組件廠商

關鍵服務
- 現場會勘提供專業建議
- 提出相對應的解決方案決方案
- 組織及管理相關施工團隊
- 製圖確認簽約
- 現場施工
- 保養及維護
- 維修及升級

價值主張
- 完全理解客戶需求
- 安全/節能 的設備
- 永續的使用與服務
- 承載您一家人幸福的電梯

顧客關係
- 了解需求
- 誠信溝通
- 熱忱服務
- 專業施工

客戶群體
- 無法設置機坑
- 無法設置機房
- 垂直空間侷限
- 透天住宅
- 新建案預留
- 古蹟、老宅
- 特殊場域需求者
- 無障礙空間改善

核心資源
- 獨家專利研發齒條式動力，達到100%安全防墜
- 深耕台灣技師合作團隊

渠道通路
- 官網
- 粉專
- Youtube

成本結構
- 營運成本、人事成本、設備採購與維護

收益來源
產品售出收益、產品保修收益

Tip：公司經營理念為「誠實、專業、熱誠、創新」

Tip：齒條式電梯，不受空間限制，更適用於一般傳統電梯無法安裝的地方，也因此幫助很多客戶，讓客戶感動

創業 Q&A

1.生產與作業管理

國內唯一專利無機房、無機坑電梯，省空間、省保養、省電費是頂尖產品給客戶的滿意保證。

2.人力資源管理

合作團隊包含泥作、切割、鐵工、木作，水電等專業人員，爲公司經營20年當中不斷篩選、經歷案場搭配過程後，對我司營運給予高度肯定，且互爲彼此信任，具高度現場搭配默契的夥伴。

3.研究發展管理

專利名稱：無機坑無機房之升降系統 國內唯一針對無機房無機坑電梯專利，面對不同場域、坪數住宅皆可進行電梯客製化安裝，有別於常見傳統鋼索式電梯，頂尖電梯產品保障100%安全防墜、省空間、省電費。

5.財務管理

公司秉持一貫誠實、專業、熱誠、創新，在地20年實在耕耘台灣客製化電梯市場，專以住宅、小空間、特殊場域進行電梯加裝改造，過程難免因大環境遇到缺料、缺工、疫情等瓶頸，但因產品品質高度把關，以及執行長帶領下，爲人周知的企業精神，因而帶出高服務品質，總在許多關鍵時刻能站穩市場，帶給用戶實在且高度滿意的服務。

Dr.L-3

京美生化科技

陳科仰 Vlack Chen
總經理暨共同創辦人

用對，比用貴重要—京美生化科技

陳科仰總經理與皮膚科醫師友人、美妝配方專家好友共同創立「京美生化科技」，創業期間屢屢交出亮眼成績，過程雖有艱困時刻，所幸團隊的力量讓京美克服重重困難，逐漸打造出京美的美妝王國。十年前與皮膚科醫師、美妝配方專家共組團隊，創立「京美生化科技」，致力讓保養這件看似複雜的事情「簡單化」，簡化的保養讓消費者願意「重複做」品牌理念受消費者極高評價，十年期間也累積許多與知名大廠合作代工的經驗。

對的產品、對的濃度

「京美生化科技」創辦人之一-陳科仰總經理分享，京美的誕生來自志同道合好友的想法，十年前，三位年紀相仿的同學，其中兩位是皮膚科醫生，另一位是美妝配方專家，既然都是相關領域人才，同學提議不然就一起創造品牌吧!系列產品Dr.L-3更取自三位創辦人的姓氏英文拼音字母「L」，分別是賴董事長、劉醫師、林醫師，顯現三人在創業合作上的緊密程度。京美生化科技蘊含皮膚科醫師的專業知識，主打「對的產品、對的濃度」消費者在使用上，

對於膚質的提升非常有感，十年以來即使沒有特別打廣告，也培養了穩定客群，近年更在比利時獲獎。

複雜的事情簡單化、簡單的事情重複做

「複雜的事情簡單化、簡單的事情重複做」京美品牌訴求變美麗不需複雜程序，將每日保養簡化至可以每天做、重複做，達到保養皮膚的效果。每個人的膚況不同、適用的成分不同，但如果要達到真正的客製化產品，需拉回工廠

產線上，這會使成本大大提升，執行上有相當的難度，對消費者來說保養的費用也會變得所費不貲。京美生科研發的奇蹟安平系列，分成一到六號產品，針對肌膚五大問題歸類，一號是針對美白、二號是抗老、三號是控油、四號是敏感、五號是修復、六號去角質，一系列的產品已含括消費者常見的肌膚困擾，分門別類也讓教育訓練變得簡易、容易上手，合作廠商透過判別簡易問題，即能給予消費者適合的產品。「用對，比用貴好」就是如此簡單的服務

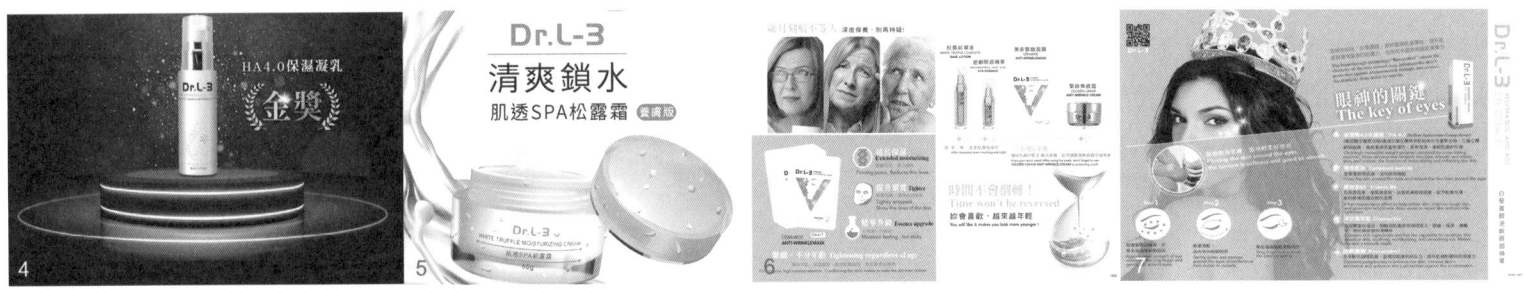

1. 上市公司協會參訪京美生化科技 2. 彰化國際工商研究社參訪京美生化科技 3. 京美生化科技與醫學美容講師合作，培訓美妝商品手機影音製作課程

4. 京美生化科技出品Dr.L-3 HA 4.0保濕乳，榮獲金獎肯定 5. 京美生化科技出品Dr.L-3 清爽鎖水肌透 spa松露霜(養膚版) 6. 京美生化科技出品Dr.L-3 抗皺系列商品 7. 白藜蘆醇逆齡眼部精華

理念，讓京美屢屢受顧客好評，並受大廠關注，邀請合作代工。

危機，運用智慧將劣勢轉爲優勢

陳總經理分享創業初期，資金的調度是一大挑戰，創業後才知道金流的重要性及對公司的影響。曾經遇過，隔天就是十號發薪日了，帳戶裡卻沒有金流能發給員工薪水，團隊成員緊急辦理信用貸款、保單借款、與親友借款，為的是讓金流順暢，讓公司繼續運作。漸漸的，團隊學會如何調度資金、與銀行配合合作，確實把關請款流程，不再有呆帳發生，陳總經理說現在是輕描淡寫的述說這段歷程，事實上回憶起這段往事只能說水深火熱，所幸團隊從挫折中學習，現在已經找到解決的辦法。另一印象深刻的挑戰是，曾與一知名品牌合作代工，還為此訂單增添機台設備，然而，在出貨隔日，即收到客戶的退貨要求，原因是小小的封膜瑕疵。回收的成本，再加上重工等等的大小損失，這一筆訂單讓公司賠了不少金額，但陳總經理將危機視為轉機，客戶有反應是好事，至少知道公司的問題在哪裡，於是，陳總經理訂定出包裝的「黃金比例」，透過調查，製定出最適合的包裝型態，引導客戶選擇最匹配的包裝，這樣一來包裝樣式簡化，公司更好與工廠配合，客戶也不必為玲瑯滿目的包裝型態奔波、苦惱，這次的經驗，對公司看似是危機，運用智慧就能將劣勢轉為優勢。

創業要趁早、團隊要愼選

陳總經理對於也想創業的人給予建議：「創業要趁早」陳總經理二十九歲創業，今年以來到四十六歲，將近二十年的點點滴滴，陳總直呼創業不容易、要想清楚!越早創業，經歷的難關可能都還在可承受之範圍，越年輕時候累積經驗值，未來創業少一個虧是一個!京美的成功來自團隊的功勞，很感激在年輕時就遇到志同道合的創業夥伴，不管是在經驗上、人脈上夥伴們都大力相挺，也很感謝為公司打拼的員工們，每個人都盡忠職守對團隊就是最大的助力，解決難題、往目標邁進對於京美未來的目標，陳總經理說明臺灣的美妝產業，實力是很堅強、在世界中數一數二的，未來希望串連北、中、南美妝大產，創立公協會，將產業壯大，推廣至世界。

京美生化科技｜商業模式圖BMC

重要合作
- 美妝通路
- 代工廠商

關鍵服務
- 保濕系列安瓶
- 代工服務

價值主張
- 複雜的事情簡單化、簡單的事情重複做，保養不須有門檻，簡單、簡化讓每個人都能輕鬆變美

顧客關係
- B2B
- B2C
- 異業合作

客戶群體
- 任何想改善膚質之客群

核心資源
- 醫師專業資源
- 深耕台灣技師合作團隊

渠道通路
- 實體空間
- 官方網站
- 媒體報導
- Line@

成本結構
- 營運成本、人事成本、設備採購與維護

收益來源

產品收益、廠商合作利潤

Tip：用對，比用貴重要。　Tip：複雜的事情簡單化、簡單的事情重複做。

創業 Q&A

1.生產與作業管理

產品的內容物過去一直是品牌的發展重點，面對地球軟化的問題，為包裝材料及配方製程導入永續觀念，已經是我們著手進行的工作，永續的議題不是只有上市公司、規模大的公司的責任，品牌端的重視與落實，絕對會是最快讓消費者一起改閃地球暖化問題的最佳幫手。

2.行銷管理

透過專業直播節目的製作，將產品的開發核心技術傳遞給客戶，建立更高的品牌價值，透過分眾通路的雙向合作，把Dr. L-3的品牌價值理念傳遞出去，價值分享、知識分享、利潤共享，創造三贏的局面。

心情社交 Moodii APP

黃威廉 William Huang
創辦人

抒發心情、交"心"朋友—Moodii APP

黃威廉，「Moodii」心情社交APP創辦人、執行長，在新冠疫情和台灣壓力指數排名全球第二高的背景下，打造出全新形態的心情社交APP，讓任何有心情困擾的人，都能在這裡找到"懂自己的人"訴說心事、相互支持，形成"傾吐和傾聽"的正能量循環，為社會帶來正面價值。

為長期失眠所苦、立志為自己和他人打造最直覺有效的紓壓服務

創辦人和團隊的願景，是強化大眾對心理健康的認知、撕掉心理壓力、疾病被汙名化的標籤，以Y、Z世代最為習慣的社群社交方式，提供一個可以隨時隨地、安心自在宣洩心情，並實現自我成長的小天地，最終達到"預防勝於治療"的效果。把不開心留在Moodii，帶著他人給的力量，用笑臉去面對世界。

「Moodii」心情社交APP創辦人、現為執行長的黃威廉，在創立Moodii以前，曾旅居海外十年之久，期間經歷了五次的創業，其中有成功的案例，也有失敗的例子，而這些經驗不僅是Moodii成長茁壯的養分，更是創建這個產品最大的動機。「Moodii」裡的兩個ii象徵著兩個人在對話。威廉創辦Moodii的起先動念，來自於自己的親身經歷，他自述在多年的創業過程中無形累積莫大壓力，因此常在深夜裏喘不過氣、望著天花板久久無法入睡。威廉認為找親近的人、懂你的人傾聽，是最好的心情解法，從大學時代起即作為傾訴對象的妻子，當時正值懷孕期間，不忍再讓她感受第三方壓力。在搜尋一些熱門社交APP試圖找陌生人聊天後他發現九成的平台皆以兩性交友為主要目的，於是便下定決心打造出一個可安心自在、單純找人傾訴的小天地。

結合社交和傾談，P2P互助打造有感抒壓、有愛社會

在Moodii上，用戶可以匿名的身份和其他人安心自在交流、用錄音、變聲的方式於論壇發文宣洩情緒、發起投票尋求意見，並通過AI配對加入一對一和多對多的"聊癒房"，以類似

1. Moodii團隊　2. 創業小聚Podcast採訪　3. KOL線下分享活動　4. Moodii星座/語音話題功能　5. Moodii多對多互助聊天功能　6. 生活教練線上傾談活動　7. Moodii全新型態心情社交APP

在歐美盛行的支持團體（Support Group）方式向相同經驗、處境的人尋求意見、互相幫助。此外，還可以在每日登入時選擇對應自己當下心情的天氣寶寶，快速找到有同樣感受的其他用戶。最後，平台也會定期舉辦專家傾談活動，由擁有兩性、職場、星座等不同專業背景的"生活教練"以一對一通話方式協助用戶解決長期心理困擾、實現自我成長。Moodii的服務特色在於強調心情數據，大量的數據透過獨特的心情AI模型分析，為用戶配對出最能理解自己的人，讓相同經驗的用戶彼此交流、激盪出真心話在困境中找到溫暖、找出解方。

與理念一致的KOC們共同傳播理念、推廣服務

威廉分享創立Moodii的困難點在於初期的功能規劃。每個人都會有"心情不好的時候"，這導致團隊難以去描繪出TA的輪廓，訂定不出明確的客群，就難以立定核心訴求、明確功能。後來透過發放五百份以上的問卷、2次的團體訪問座談，以及與超過10位的心理健康相關KOL、KOC討論，發現大眾對於心情不好解決方式的共通點就如同創辦人一樣:找到懂自己的人傾訴，因此決定將"心情AI配對"作為重點發展的技術。後來在2020年疫情大爆發，冥想類、心靈層面的APP有如雨後春筍般在這段期間大量湧出，民眾開始重視心靈與意識的

交流，而Moodii也同樣在此期間，以有別於其他平台的方法於ios和安卓雙平台上架。除了起初功能設定是其一困難點，另一點是要如何更為"精準"的觸及到潛在（心情不好的）用戶。在經歷多種不同宣傳方法後，最終通過與30位心理健康相關KOC的合作，搭配線下的專家分享、座談會，招募到第一批用戶，在兩個月突破萬人。普遍用戶回應沒有使用過如此單純、紓壓的社交軟體，十分認同Moodii的創業理念，甚至有客戶回饋有困擾的兩性問題，在Moodii上找到有共同問題的族群，大家一起集思廣益、一起解決，這是其他社交軟體難以達到的緊密感。

Moodii心情社交APP｜商業模式圖BMC

重要合作
- 心理健康領域KOL/KOC
- 生活教練/心理咨商師
- 社福/社工機構

關鍵服務
- 心情/語音抒發論壇
- 心情AI配對聊天
- 專家導師輕咨詢

價值主張
- 隨時隨地、安心自在宣洩心情，並找到懂自己的人討論解決心事。

顧客關係
- B2C：以APP提供一般用戶服務
- B2B：以客制軟體提供企業人資服務（規劃中）

客戶群體
- 主要用戶：
- 性別：女7:男3
  年齡20-35
  訴求：心情分享、心事交流、寂寞陪伴、心靈治癒

核心資源
- 心理咨商師、生活教練顧問團
- 熟悉敏捷的軟體/AI開發團隊
- AWS加速器團隊身份，可確保資料庫安全性和AI技術資源

渠道通路
- 1. 銷售：Apple IOS和Google Android APP商店
- 2. 行銷：KOC、KOL合作、FB/IG社團經營、廣告宣傳、線下活動

成本結構
- 人事費用
- 伺服器費用
- 廣告宣傳費

收益來源

線上專家導師、
生活教練服務抽成分潤
APP內增值服務（規劃中）

Tip：充滿活力的夥伴，搭配設計思考、敏捷文化等可幫助創新、提升執行力的方法論，沒有最對的Topic、Timing，只有最對的Team，與團隊打拼的過程，要比結果更爲精彩。

Tip：能實現獲利的創業固然重要，但如果社會能因爲這一個產品、服務而有了一點點正面的改變，那這個價值將會是無法估量的。

創業 Q&A

1.生產與作業管理

在進入產品設計開發環節前，和團隊一起以【OKR】方法，將願景、季/月、團隊/個人目標(O)、關鍵結果(KR)等一一定出。一方面讓所有團隊成員知道我們為什麼而做、要做到什麼，另一方面也盡力確保公司目標和個人目標是一致的，避免偏離目標。除此之外，我們在向目標推進同時，也再以【敏捷】文化去持續確保扁平、即時的溝通，彈性調整目標、策略。

2.行銷管理

我們在正式的產品上架前即創建了品牌的FB粉絲頁，定期製作和心理健康議題相關的知識、趣味、互動性內容，以及更新產品開發的動態，去吸引關注、積累潛在用戶。在產品推出後，比起直接進行廣告投放招募用戶，我們選擇與多位領域相關KOC/KOL合作進行線上(直播)和線下(工作坊/分享會)的活動，吸引他們的粉絲轉化為產品用戶。最後，我們也再運用SEO、ASO等關鍵字優化策略增加產品被看到、建立自然流量的機會。

3.人力資源管理

我們特別看重團隊的多元性。因此公司有來自電玩、直播、電商、3C電子、零售貿易、餐飲等不同背景的夥伴，並分別具備策略規劃、PM、UI/UX設計、軟體開發、數位行銷、業務開發等不同的專業能力。此外，在人格特質層面，也都不太一樣，因此在日常的"吵吵鬧鬧"中，也經常能激盪出一些既能保證創新但同時可被實現的想法。

Moodii心情社交APP

tel: 02-2515-1268

web: www.moodii.io/

add: 台北市中山區松江路261號7樓701室

福音禮品
十分幸福
分音禮
福品

黃士倚&蕭佳欣 Elvis Huang & Yumi Hsiao
共同創辦人

新創福音禮品電商平台,打造全亞洲華人福音禮品生態圈 –十分幸福Godgifts.net

黃士倚,十分幸福執行長及太太蕭佳欣營運總監,從台灣三年前起開始在各家教會風行「幸福小組」看見機會,此活動讓更多新朋友參加活動並認識基督信仰,也可以透由送禮把愛很真實的傳遞給對方,相信送禮是愛最直接的表現,因此創立福音禮品平台公司。

幸福傳遞、送愛連結

創立十分幸福品牌的契機是因為台灣開始在各教會風行「幸福小組」福音運動,活動歡迎所有朋友的到來,並稱呼稱他們為「Best」,意思是「你是我們最好的朋友」,在活動中可以聽到有關幸福生命的訊息、一起享用豐盛的美食,每週還有送幸福小禮,更有專人的禱告與祝福,相似於商業的行銷策略,傳福音也有策略,黃執行長夫婦從中發現,透由送禮把愛很真實的傳遞給對方,每個人收到禮物也都能感受到被愛,如此關係就能很自然的建立起來。

平台規劃、創造品牌商及消費者雙贏

起初想說幸福十分,蕭總監即提議「十分幸福」,兩人對這名字一拍即合,且十也有十字架的意思,希望透過耶穌的愛去祝福更多的人。平台扎根Google行銷生態,讓全球有需要購買福音禮品的華人基督徒,能很自然在平台中找到符合送禮需要和心意的禮品,提升品牌知名度,讓產品被更多人看見,目前平台上已經集結超過70家品牌,超過700樣的福音商品。許多弟兄姊妹跟十分幸福回饋,過往買福音禮品都沒有看過這麼多樣化的選擇,讓他們很開

心,也深信這是一件有價值的事情。一站購足福音禮物,一起送禮送出耶穌心,從此購買福音禮品變的更輕鬆簡單。福音禮品是所謂的利基市場,是個正在萌牙且潛力無窮的市場,而基督徒在全球本身已經是一個擁有同樣價值觀的生態圈,福音禮品是基本需要,只是他們能不能有機會更多的去認識到這些創作品牌,並透過平台的線上+線下的完整服務體驗,需求和購買則是必然會發生的,這讓黃執行長夫婦看見這樣這個產業值得發展和堅持的潛力。

1. 全亞洲唯一 十字架概念店　2. 十字架概念店 梁文音分享　3. 十分幸福 線下旗艦店開幕　4. 森日禮、愛的奇蹟、緩緩花藝福音品牌主理人合照　5. 森日禮禱告、祈求、感謝套書

6. JIN CHA GOD-棉麻質感掛布 7. 茶境天使-沐光禮盒(雙茶禮) 8. HIS-慢聲細語 十字架家飾

相信信仰、貴人即時扶持

創業開始即領受生命與生意的結合，進入創業戰場，發現腦袋真的停不下來，時間也不是自己的，有時晚上無法入睡，就透過禱告讓自己心能平靜。過程中一直祈禱上帝不要讓平台彈盡源絕，但如果真的走到最後一步，他們也深信就代表上帝有更美好的心意和預備。很多創業的人都會將家當全部投入，甚至負債創業，如果失敗了能接受嗎？人生絕不是一次性的成功，不論你創業與否，我們的生命就是會經歷大大小小的挑戰與困難，但不論遇到什麼，其中不是得到就是學到，以及心中永遠要期待有下一個更美好的事要發生，心中時有盼望，持

續相信和盼望。蕭總監回憶第一次接到美國教會弟兄姐妹的禮品訂單，金額約一萬多，但運費就要支付三千多，對方也是欣然購買，因為是華人教會，想要有中文化的福音禮品，當時還特別寫卡片和送贈禮感謝他們的訂購。目前平台跨境訂單有新加坡、馬來西亞以及香港，十分幸福平台和品牌漸漸地讓全球華人基督徒看見，這讓他們非常感動，也看見更多市場前景的盼望。黃執行長表示他們不是有富爸爸的創業者，在2021年7月時公司更面臨沒有資金的狀況，他們一樣選擇先回到上帝的面前透過禱告和祈求，當時有個教會的弟兄，是一家網路行銷公司的創辦人，他深信十分幸福一定會成功，這位弟兄也看見十分幸福發展的未來性，並在那時

成為了天使投資人，幫助十分幸福在最危難的時刻被救拔起來，且因為網路行銷團隊的加入，他們才能持續向著全球華人基督徒福音禮品電商平台的標竿前進！

立足台灣發揚海外、創業過程信念堅持

黃執行長將品牌發展分成1.0到3.0，現在是1.0時期，1.0時要做到亞洲華人最大的福音禮品電商平台。2.0階段則是要幫助更多基督徒企業與品牌，提供優質的商品與服務。3.0打造全球華人基督徒相互效力生態圈，串連基督教會、基督徒群體，讓每一個分享都能成為他人與自己的祝福。

十分幸福｜商業模式圖BMC

 **重要合作**

- 福音禮品品牌
- 教會弟兄姊妹
- 基督企業品牌
- 全球基督教會

 **關鍵服務**

- 平台商品出售
- 平台品牌上架
- 基督企業廣告

 價值主張

- 專注做福音禮品的電商平台，宗旨是送禮是愛最直接的表現，短中長期規劃中，1.0階段上架更多海內外優質福音禮品，2.0階段是幫助到更多連結基督徒企業主或品牌主，3.0階段是打造華人基督徒福音生態圈

 顧客關係

- 個人協助
- 共同協助
- 異業合作

客戶群體

- 需要買福音禮品的基督徒
- 製作福音禮品的品牌主
- 基督徒的品牌或企業

 **核心資源**

- 品牌主
- 教會弟兄姊妹
- 華人基督教會

 **渠道通路**

- 官方網站
- 實體店面
- LINE@
- Instagram
- Facebook

成本結構

- 營運成本、人事成本、店面成本、網站營運成本、文章撰寫成本、影片拍攝成本

 收益來源

平台上架行銷費用、產品售出收益、品牌廣告合作

Tip：送禮是愛最直接的表現　　Tip：創業中不斷問自己為何而作，永遠比該如何作或作什麼更加重要。

創業 Q&A

1.行銷管理

十分幸福是一個提供多家基督文創福音品牌開館上架的電商平台，從一開始TA (Target Audience)的設定就是以喜歡購買禮品的基督徒爲主要的行銷族群，我們透過邀請來自華人地區的基督文創品牌，選出優質的福音禮品(商品)進行上架和品牌館建置，再透過每週1篇的幸福講堂(www.godgifts.net/article)，分享如何針對不同的送禮對象，送禮季節，找出最合適的送禮選項，也因爲不斷累積的價值文章內容，在Google中的SEO自然搜尋排名也持續升高，即使在網路廣告費不斷提高的現在，依然能讓有需求的精準客戶找到我們。也透過獨家送禮管家線上+線下服務，提供客製化送禮服務體驗，幫助送禮人送出合適禮品，傳達送禮的美好心意。

3.研究發展與管理

目標決定高度，從一開始發展禮品電商平台，我們的目標就設定在成爲【全球華人基督徒福音禮品電商平台】，所以不論在創作品牌的洽談合作上，都不單單只是設定在台灣地區，而是會更多的走向其他華人地區的國家，一方向增加平台上品牌的多樣性，也提供豐富的福音禮品選擇。第二，我們所面向的C端消費者，也是設定在全球喜歡送禮的華人基督徒，期盼讓優質有創作感且充滿上帝祝福的福音禮品能走向全世界，成爲更多人的祝福，因爲送禮就是愛最直接的表現。

十分幸福-福音禮品

tel: 0800-300-520
web: www.godgifts.net/
fb: www.facebook.com/GodgiftsTaiwan
add: 台中市西屯區市政北一路1號1樓
e-mail: 100goodgifts4u@gmail.com

娘子軍行銷

林靜如 Anica Lin
創辦人

夢想在前方，決定在手上，創造精彩的斜槓人生 –娘子軍行銷

林靜如，娘子軍婦女創業平台創辦人，成立並經營粉絲團—律師娘講悄悄話，累積38萬人追蹤，後來從這個粉絲團受益從家庭主婦兼助理轉職成為作家，創造寫作、演講、廣播節目主持等許多不同的斜槓收入，因此成立娘子軍婦女創業平台並且發展團媽系統，希望幫助更多媽媽們走出斜槓精采人生，想要成為斜槓界的Uber平台。

成功轉職，創造更多斜槓收入

2014年底，林靜如原本在先生的律師事務所當助理，為了想幫老公宣傳事業，因此成立粉絲團「律師娘講悄悄話」，粉絲團成立至今累積約38萬人追蹤，讓林靜如意外從原本的家庭主婦兼助理轉職成為作家，也出了6本書，最近一本書叫做《主婦的斜槓人生》，書中敘述女性結婚生子之後其實可以跟她一樣，透過經營社群進而經營個人品牌，然後創造額外的斜槓收入。她的起心動念，是想要幫助更多家庭主婦們，能夠在家庭之外找到屬於自己的精彩人生

，所以創立了娘子軍行銷，公司名稱中娘子軍的「娘」，即是粉專律師娘的娘，意思是「想不想跟律師娘一樣，發展自己的斜槓人生？」，另外在娘子軍的共同理念是要共好，願意分享而不是獨善其身，幫助更多媽媽們願意來這邊上課、學習成長以及結交朋友，給自己一個信念，讓自己以及他人都更好。

感恩的心、自有貴人

娘子軍成立之初以課程教學為主，林靜如表示她非常幸運，剛好都有碰到有能力授課分享的

人，比如行銷老師分享如何經營社群、團媽分享如何銷售，讓公司順利營運，但在4年多前，林靜如意外懷孕而且得了產後憂鬱症，讓娘子軍1-2年營運停擺，後來復出後，林靜如讓公司轉型，原本從講師及課程設計等都是她本人親力親為，現在已經有助理可以妥善安排，現在，娘子軍已朝多元化發展，轉形成團隊的力量去推動公司前進。

看見需求、發展全新路線

娘子軍經營至今，發現很多身為母親的家庭主

1. 新書「主婦的斜槓人生」電台活動 2. 瑞康屋鍋具直播代言活動 3.「新北市自閉症協會」公益活動 4. 娘子軍-理財講座 5.「愛明晶萃」商品代言照 6.「你滋美得」商品代言照
7.「HR」保養品商品代言照 8.「娘子軍X販品趣」平台合作活動

婦跟創辦人林靜如一樣,想要經營個人品牌及創造收入,但上完課後,媽媽們學了技巧卻不知如何運用,或是不知道自己的專長,因長年專心在家庭讓媽媽們無法挖掘自己的強項及優點,所以林靜如發展一個經營項目「團媽」平台,讓媽媽有產品可以銷售。因為她在自己的粉專受到很多業配跟團購的邀約,因此有個念頭,如果媽媽們學到行銷技巧,並把自己的粉絲團經營起來竟就可以透過團購轉換成收入,或是媽媽們也可以成立臉書社團或line群組,有了商品可以揪朋友一起團購,從中賺取價差,好處是可以幫助媽媽們快速上手,因為媽媽們喜歡團購;發展一條「團媽媒合系統」,主要媒合團媽跟廠商,新手團媽剛入行如果不

知道怎麼找廠商,娘子軍可以幫忙媒介已配合的廠商;如果團媽不知如何經營,公司也開立很多「團媽培訓課程」;最後又發展出「創業顧問平台」,因為在經營團媽系統後,發現很多小廠商對於自身的產品不知道怎麼販售,或是產品包裝設計沒有美感,娘子軍公司可以幫忙找創業顧問來解決創業上的問題,現在的娘子軍已成為一個資源整合平台。林靜如發現台灣的中小企業因為疫情關係,營業額大幅減少,企業苦撐之餘也思考要不要裁員,這是台灣中小企業目前的困境,林靜如分享娘子軍資源都是外包的,因此把這個概念提供給一般中小企業,專注並做好自己的核心競爭力,把大部份的資源外包,這樣才能分散風險,一但環境發生大變化時才能隨機應變,當然這概念也呼應了娘子軍的共好

生態圈,讓企業自己以及協力廠商一起合作,邁向共好。

永續經營、鼓勵別自我設限

林靜如期許未來團媽體制能夠更健全,也希望建立學姐機制,讓他們帶領新人,吸引更多有需求的媽媽們一起來加入並培訓,創造更多收入,使團隊及公司長期並永續發展,也讓媽媽們可以從娘子軍得到鼓舞以及感受到彼此的支持、陪伴及成長。林靜如最後想給全職媽媽們的話:全職媽媽容易沒自信,她們會覺得說我不會,我沒有辦法或是我沒有時間,但想藉由本身的經驗分享給大家,原本以為會是一輩子的全職媽媽,但只要心態調整,不要自我設限,很多事情只要有心去試,都可以做得到。

重要合作
- 各界授課講師
- 產品配合廠商

關鍵服務
- 課程教育
- 團媽培訓課程
- 團媽媒合系統
- 創業顧問平台

價值主張
- 幫助更多家庭主婦們，能夠在家庭之外找到屬於自己的精彩人生，因此成立團媽一系列的系課程，教育媽媽們學會行銷技巧、媒合廠商等，創造更多斜槓收入。

顧客關係
- 團體合作
- 共同協助
- 異業合作
- 授課合作

客戶群體
- 家庭主婦
- 想要創造斜槓收入的人
- 需要團媽合作的企業
- 需要創業顧問的企業

核心資源
- 粉絲專頁
- 官網
- 部落格
- 社群經營
- 專業授課人才
- 產品配合廠商

渠道通路
- 臉書社團
- LINE社群
- 官方LINE
- 官方網站
- 粉絲專頁
- 實體空間

成本結構
- 營運成本、人事成本、推廣費用、場地費用、教師聘請費用

收益來源
課程收益、顧問服務收益、整合行銷服務收入

Tip: 從原本的家庭主婦兼助理轉職成為作家、平台創辦人。 **Tip:** 心態調整，從我不行變成我可以，後來很多進來娘子軍的媽媽們成功解鎖並轉變心境，並更加願意挑戰。

創業 Q&A

1.生產與作業管理

希望可以幫助在家帶小孩的主婦，能有一個資源整合的平台找到自己的第二職涯。目前公司的營業項目以課程開設與引薦為主，也有一些職能培訓單位的合作。希望未來可以擁有一個更完整的職能培訓流程跟選擇，讓媽媽們來到這個平台都能夠找到一邊帶小孩一邊工作的斜槓收入。

2.行銷管理

因為公司主要以在家帶小孩的主婦為客群，所以會著重在30幾歲到50幾歲的女性使用的社群媒體為主。目前最大的行銷管道就是負責人自己經營的自媒體臉書粉專有將近390,000粉絲，以及經由這個粉專導流出來的5000人line社群及100,000人的FB社團。

3.人力資源管理

由於目前團隊還是以兼職的媽媽為主，未來希望可以增加更多有經驗的專職人員，可以幫助公司成長的速度加快也能讓服務的內容更加精準更專業。

我獨創角業，
UNIKORN
UNIKORN
UNIKORN
UNIKORN

娘子軍行銷

• LIVE

tel: 02-2976-1611
e-mail: anicalin114@gmail.com
web: www.womengo.tw/
add: 新北市三重區重新路一段50號3樓
fb: 律師娘講悄悄話

約書亞體驗探索學校

熊文毅 Brian Hsiung
校長

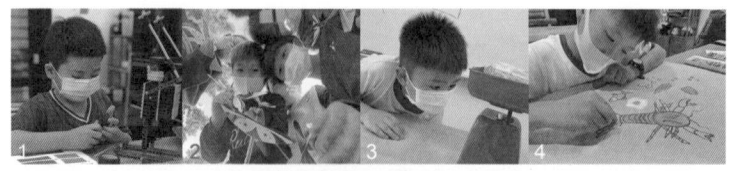

挖掘孩子獨特性，探索體驗教育的幕後推手—約書亞探索體驗學校

熊文毅，約書亞探索體驗學校的創辦人，因希望自家孩子能有多元的學習環境，他設計了探索體驗課程，創辦約書亞學校，改良傳統ESL系統、將學科融合在生活實驗中、設計戶外運動與美數實作，期盼每個孩子都能探索天賦，找到自身熱愛，在人生道路上發光發熱。

盼兒多元學習，秉三大理念創立「約書亞」

約書亞探索體驗學校坐落於台中，不僅有精緻多元化的課程，也有安親課輔的功能，滿足現代家長所需，而談起創立約書亞探索體驗學校原因，創辦人熊文毅透露，是因為自己有一名就讀小一的孩子，希望孩子能多元學習，探索自己，這份「天下家長心」便成了熊文毅創業初衷。「每個孩子都是獨特的，都有其天賦。」熊文毅說。而約書亞的精神，便是透過有別於傳統的課程幫助孩子發揮所長，放手讓孩子在人生中不停嘗試，培養各式能力。其次是推廣體驗教育——「做中學」的教育模式，把課本的知識，應用於生活中。熊文毅說：「回想自己在國外親眼看見『犛牛』時，真是又驚又喜，想起課本中對犛牛的介紹僅止於圖文，直到實際看見、聽見、感受到，才是真正的收穫。」熊文毅也在國外單車旅行中，培養踏出舒適圈的勇氣、達成目標的毅力及解決問題的能力，如此對知識與自我成長的觸動，也讓他決心將這樣的精神延續下去。

創業初期做中學，人際溝通成最大考驗

「創業初期，不知如何與員工溝通，導致人事不穩定、老師流動率高，學生也流失掉，發現這樣的情況，我也即時修正。」由於過往就業經驗並無管理需求，如今轉而創立學校成為老闆，對熊文毅最大的挑戰莫過於人際的溝通管理；而教育事業，必須顧及學生、家長、老師三方保持良好溝通狀況，熊文毅坦言這是當時的一大難關，所幸他也實踐「做中學」的道理，不斷嘗試各種溝通方式並即時修正，重拾家長對約書亞的信任，穩住人事的流動率、維持

1. 約書亞探索體驗學校-自製仿生機器人 2. 約書亞探索體驗學校，動手做更好玩主題數學課 3. 約書亞探索體驗學校，與生活連結實用數學 4. 約書亞探索體驗學校-揮灑創意美術課 5. 約書亞探索體驗學校-美語自然課程

6. 約書亞探索體驗學校-有趣科學實驗課 7. 約書亞探索體驗學校-遊戲化美語課 8. 約書亞探索體驗學校，讓孩子參與思考的美語課程

教育品質，才能一路持續至今。

勉勵創業者發揮創意「市場區隔」是關鍵

回想創業歷程，熊文毅認為勇氣、毅力、解決問題的能力皆不可少。創業之路相當漫長，若缺乏毅力可能淪為短命創業，而秉持初衷則能勉勵自己發揮毅力堅持下去，擁有解決問題的能力才能過關斬將，但最重要的還是創意；熊文毅強調，在投入的產業中必須做出「市場區隔」，「我在既有的ESL系統發現盲點，進而改良，像是增加科目、單車體驗教育，約書亞甚至另外有國語安親系統，孩子與家長可以依照需求轉換，市場與一般補習班便有所不同，認同你理念的人自然會找上門來。」熊文毅說

道。學校創立第一年，曾帶學生們騎自行車前往花東長達五天，當時最小的孩子僅國小二年級，依照每天不同行程，熊文毅和太太與單車教練，徹夜整理單車課程體驗教育學習單，就是為了讓孩子能在單車體驗中有不同的收穫，幫助他們探索興趣與培養自理能力。課後家長反饋熱烈，約書亞也有了客群、打出口碑，正面的反饋聲量也自然散播，更激勵熊文毅持續努力。

堅持不填鴨式教育 約書亞放眼十五年一貫

約書亞探索體驗學校分為兩大部分，一部分為學科，即國文、英文、數學、自然，但與學校不同，約書亞設計主題式教學，將課本知識應用於生活，例如：動手自製泡泡水，藉此學習數學中毫升等單位

與比例的觀念；自製仿生機器人，了解速率的應用；熊文毅說：「我要讓家長了解，不填鴨的教育才是真正的學習，且學習是為了孩子自己的人生而非考試，我們也規劃美術創作，培養孩子美感與手眼協調，踢足球、單車旅行體驗，則培養孩子生活自理、溝通能力及建立自信。」慢慢地隨著家長看見成效、愈來愈支持，也讓熊文毅更加有信心放眼未來，目前短期規劃希望能先穩定發展五間分校，建立直營加盟體系；中期規劃希望增加分校，並籌設幼稚園、開放分校加盟；最終長期規畫則是希望建立幼稚園到高中三年級，十五年一貫的教育系統，讓更多學生體驗多元教育、健全發展，在約書亞成長茁壯。

約書亞探索體驗學校 | 商業模式圖BMC

 **重要合作**

- 教師資源

 關鍵服務

- 夏令營、冬令營
- 單車教育
- 美語班
- 數學班
- 國語班
- 創意美術班
- 自然理化班

 **價值主張**

- 約書亞探索體驗學校是一間以體驗教育精神創立的學校，我們強調學習是為了解決生活中的問題。透過帶領孩子實作，我們使孩子相信"I can do it"! 並且幫助他們找到學習動機，成為一個樂於學習的人!

顧客關係

- 共同協助

客戶群體

- 家長
- 學生

 **核心資源**

- 師資陣容

 **渠道通路**

- 實體教學空間
- 官方網站
- Facebook
- Line@

 **成本結構**

- 人事成本、活動成本、人事成本、教材費用、設備採購及維護成本

收益來源

課程費用

Tip: 創業，勇氣、毅力、解決問題的能力皆不可少!　Tip: 在投入的產業中必須做出市場區隔，認同你理念的人自然會找上門。

 創業 Q&A

1.生產與作業管理

廣開分校，擴張約書亞在教育領域的影響力。我們的目標是一年開一間分校，以台中為基地，逐步在台北、桃園、新竹、台南、高雄、台東都可以陸續開設分校。

2.行銷管理

首先，努力做好教學服務，口碑是最好的行銷。 接著，不斷求新求變，創造自己的獨特性和不可取代性。讓自己的服務獨具特色。 最後是廣開分校，讓更多家長認識約書亞。

3.人力資源管理

因應新分校的成立，我們需要行政管理人才，他們需要負責新分校的行銷和管理。 另外，我們也計畫成立總管理處，統整各分校的年度活動和行銷的部分。

4.研究發展管理

約書亞希望在全台灣的北中南東都有據點，我們希望擴大自己的教育影響力，讓更多學生享受到約書亞優質的教育服務，也讓更多家長認識約書亞的教育理念。

5.財務管理

未來計畫廣設分校和延伸服務到學齡前教育和國高中教育，所以需要資金的挹注。我們將會視發展的速度，和尋找認同我們理念的投資人，一起創造優質的教育環境。

約書亞探索體驗學校

tel: 04-2251-1881
web: www.icwc.tw/
add: 台中市南屯區惠中路三段28號

攀樹 cLimbing

攀樹趣

翁恒斌 Heng-Bin Weng
創辦人

攀樹:感受樹的生命力—攀樹趣

「攀樹趣-Climbing Tree」創辦人-翁恒斌,熱愛大自然的他,偶然接觸到攀樹活動後便愛上攀樹,也希望將這份熱愛分享給民眾,進而達到推廣、永續經營之觀念。

愛樹,更要推廣正確觀念

人稱「鴨子」教練的翁恒斌,是「攀樹趣-Climbing Tree」的創辦人,從小就喜愛從事戶外活動,不愛念書的他,大自然才是他最好的老師。在一次偶然機遇下,參加了太魯閣國家公園的攀樹活動,從此愛上攀樹,更成為了臺灣首位ISA攀樹師,致力將專業知識、愛護樹木的觀念推廣至普羅大眾,便創立「攀樹趣-Climbing Tree」。說到創立攀樹趣的起心動念,其實跟鴨子教練本身的興趣有關,從小不愛念書的他,只知道自己心屬荒野。過去工作即從事戶外相關活動,因緣際會下,認識了受林業試驗所邀請來臺灣進行學術交流的香港攀樹老師,開始拜師學藝,讓原本就喜愛戶外體驗的鴨子,愛上攀樹這項活動,也認為攀樹蘊含許多知識及觀念,希望讓更多人認識攀樹,

愛護樹木、永續經營

全臺灣目前僅僅有三十多位ISA攀樹師擁有專業證照,而「攀樹趣-Climbing Tree」團隊擁有多位ISA認證攀樹師,每位ISA攀樹師都經過專業證照考核,推廣民眾正確的攀樹觀念與安全守則。除了推廣攀樹活動,攀樹師另一技能是修剪樹木,不單單只是依照業主要求修剪樹木,過程如何與業主溝通、傳達正確的修樹觀念也考驗攀樹師的專業,業主滿意、樹木也能保有成長空間,是攀樹趣在修剪樹木服務上的堅持。說到攀樹與攀岩的差異,鴨子教練分享,比起攀岩,他更喜歡的是攀樹,因為在攀爬過程中,一步一腳印都能感受到樹的生命力,也是因為如此,攀樹趣品牌理念不以人為出發點,而是站在樹木的角度,愛護、永續經營

1. 大雪山神木健康檢查 2.進行阿里山的水山巨木風險評估 3.國際攀樹知名品牌Teufelberger封面是臺灣樹上的風景 4. 在阿里山巨木的樹梢眺望樹海 5.超人不會飛所以媽媽帶他來攀樹
6. 來去樹上睡一晚 7. 讓孩子親近樹感受樹的偉大，才會懂得珍惜我們的土地 8. 在雲端上的採種工作

、延續臺灣這土地上的生命力。

大自然與人類間的取捨

鴨子教練分享，起初在學習攀樹這門活動時，臺灣並沒有許多人在從事、教學攀樹運動，久久一次才機會難得邀請到國外的講師來臺灣授課，學員在學習的安排上常常碰到不連貫的困境，碰到問題也難以獲得即時的解答，再加上因為攀樹是小眾運動，裝備採購不易，往往必須從國外訂購，等待時間長久，運費也是所費不貲。鴨子想起創業的挑戰，大概是身為第一批學習攀樹、篳路藍縷、為這門運動開路的艱辛吧。也是因為一開始攀樹活動在臺灣鮮為人知，民眾缺乏正確的樹木修剪觀念，在修剪上常常需要花心力與業主溝通，如果完全照業主

的意思修剪將不利樹木生長，而某些時候為了全樹木的養護卻犧牲了業主的需求，衡量利與弊的取捨、觀念推廣往往也是攀樹師在溝通上遇到的挑戰。所幸，經過攀樹趣團隊的推廣，再加上環保意識抬頭，人們開始關心身邊的一花一木，也使媒體開始關注、採訪，至今推廣講座、校園活動邀約不斷，讓許多學校開始有攀樹趣團隊的足跡，藉由攀樹的運動，讓民眾更認識、接近樹木，鴨子教練愛護樹木的初心，透過攀樹趣團隊的耕耘，如今這份心意已傳達至各地、開花結果。

紮穩腳步、攀至頂峰

鴨子教練提到目前攀樹趣的目標，是從推廣安全的攀樹活動開始，由攀樹活動開始讓更多人認識樹木、關心樹木，並瞭解攀樹不僅是一種休閒活動，更

可以將攀樹技術運用在樹木相關工作上。藉由推廣攀樹的相關證照，讓民眾在專業、安全的環境下學習與樹木友好的觀念，進而開始愛護樹、重視樹木。前來攀樹的學員從最小四歲到最年長八十五歲都有，在未來，鴨子教練希望能打造一個從小就讓孩子跟樹木相處的環境、有好的記憶，讓這門運動陪伴至老，也讓這份愛樹的心淵遠流長。對於想開始從事攀樹相關創業的建議，鴨子教練強調「道德」至關重要，技術反倒是其次，尤其要有一顆愛樹的心，才不會因為金錢而抹煞了自己護樹的初心，有了這份使命，進而加強能力、打造口碑，自然離成功目標不遠，就像攀樹這門運動，以尊敬。大自然的心，紮穩一步一步攀爬至頂峰。

攀樹趣｜商業模式圖BMC

 **重要合作**

- 學校
- 企業

 關鍵服務

- 攀樹活動
  攀樹訓練、講座、
  樹木修剪

 **價值主張**

- 以正確觀念愛護樹木
  ，達到人與大自然共
  存的目標

顧客關係

- B2B
- B2C
- 異業合作

 **客戶群體**

- 任何對大自然活動有
  興趣之族群

 **核心資源**

- 擁有ISA認證攀樹師
  之專業團隊

 **渠道通路**

- 實體空間
- 官方網站
- 媒體報導
- Line@

 **成本結構**

- 營運成本、人事成本、設備採購與
  維護

 收益來源

帶團收益、
廠商合作利潤

Tip：以尊敬大自然的心，紮穩每一個腳步，一步一步攀爬至頂峰。　Tip：不以人為出發點，而是站在樹木的角度，愛護、永續經營。

創業 Q&A

1.生產與作業管理

1. 藉由攀樹體驗活動讓更多的人能夠認識樹木、關心樹木、了解環境的重要。

2. 運用安全的攀樹技術，推廣友善的樹木修剪。

3.讓攀樹與更多的產業結合。

2.行銷管理

目前主要以口碑行銷來推廣我們自己，本著累積客戶及各媒體或平面雜誌的採訪來行銷。 將來預計會選擇搜尋引勤的廣告來曝光。

3.人力資源管理

目前需要協助優化相關美編及文稿，同時也希望能夠進行影片等編輯能力的夥伴。

4.研究發展管理

讓攀樹趣成為臺灣攀樹產業的代名詞。

5.財務管理

海外市場的發展，除了帶國人到海外進行攀樹活動，也希望能成為來台外國人士旅遊的活動選擇，因此勢必需涉及旅遊業。

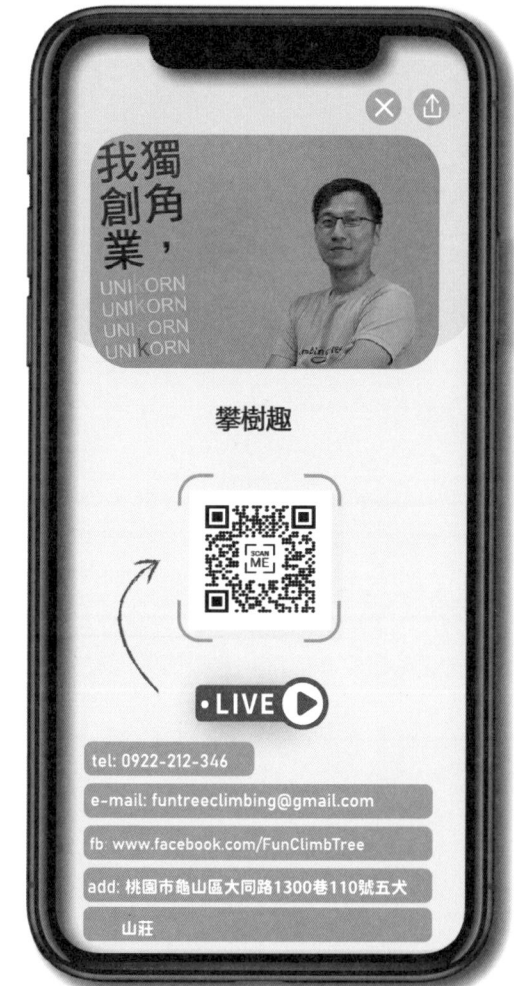

攀樹趣

tel: 0922-212-346

e-mail: funtreeclimbing@gmail.com

fb: www.facebook.com/FunClimbTree

add: 桃園市龜山區大同路1300巷110號五犬

山莊

Chapter 4

Chapter 4 目錄

184

176

192

204

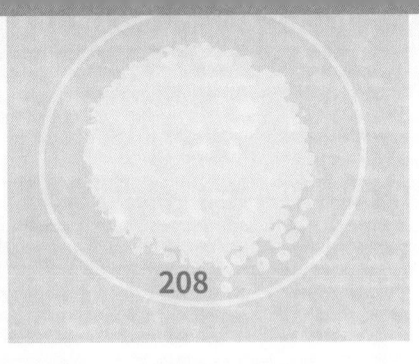
208

180

188

200

環境友善種子

王書貞 Shu-Chen Wang
執行長

築起環境與人的溝通橋樑，用體驗喚醒大眾環境意識與行動力—環境友善種子

王書貞（書子），環境友善種子有限公司執行長。觀察現今社會中，多數人對於自然環境、人文故事不大了解，也較無機會發掘親近，便著手設計永續環境教育課程，透過多元方式，喚醒大眾對於環境的覺知，藉此影響企業在發展時兼顧保育環境，也影響民眾成為環境守護的行動家。期許環境友善種子能一步一腳印，號召更多公私部門重視永續環境的重要與落實保護。

有感現代人對於環境較爲冷漠，環境友善種子助人尋回環境覺知

科技迅速發展，自然環境也隨之被破壞殆盡，有感現代人對周遭環境較無察覺，自師大環境教育研究所畢業的書子，毅然決然成立環境友善種子有限公司(簡稱友種團隊)，透過環境教育系統性的訓練、培養專業師資，帶領民眾走入大自然，建立與自然的連結，像是以聽診器傾聽樹木聲音、用放大鏡觀察自然環境、運用顯微鏡探究海洋一滴水的秘密等等體驗，將對大自然的了解轉化成有趣的方式，規劃多元教學策略，如：針對幼童便以讀繪本的方式傳達環境教育理念；針對青少年或企業則以議題討論與科學研究，建立對環境的覺知與技能。

培養種子老師，發揮影響力至企業團體共創ESG價值

憑藉對環境的熱情創業，將興趣與工作充分結合，廣納各領域的夥伴，如森林、海洋、教育系、環境教育研究所等科系背景的人員，提高專業知識的深度與廣度，「希望用教育感動別人，才能把理想的種子落在他人心中，未來得發芽茁壯，促使人對地球環境能有不一樣的感知與行動。」。友種團隊這幾年在全台有十幾個場域在推動環境教育方案，如基隆和平島、台江國家公園、壽山國家自然公園、台北市政府內雙溪自然中心等，可以帶領民眾透過實際操作森林與海洋環境教育方案，透過第一手的實際課程，落實永續環境理念。除了針對一般大眾，友種團隊也結合企業的ESG永續發展理念，透過多元策略帶領企業如何關心環境，推廣企業產品中的永續理念，同時也提升企業形象。書子說：「像是企業的員工教育活動、企

1. 艾瑪絲為艾而種，為永續行動，原生樹木造林計畫 2. 協助阿里巴巴，杭州桃源里自然中心成立 3. 淨山活動，體驗以器材傾聽樹木聲音，讓人建立與大自然做連結

4. 環境教育行動家 5. LG一日志工-淨灘活動 6.艾瑪絲企業除草淨山活動 7. 和平島夏令營，讓兒童學習海洋生物保育、循環經濟，學習如何創造人心的幸福與環境的美好。

業淨灘、淨山、移除外來入侵種、植樹等，這樣的活動都能讓企業員工對環境更有感，發覺自己有這樣的能力為環境付出努力。」

舊有案件資源喊卡，友種團隊開創新契機挺過挑戰

「創業的困難點，其中我印象最深刻的是，有一年政府長官換人，本來延續幾年執行的七百萬元案件，突然中止，這也讓整個團隊很緊張。」友種團隊收入主要來自政府的委託案，但有些案件一年一聘，委託合作關係也較不穩定，面對營業額少七百萬，書子與夥伴努力往尋新的契機，開始接觸中國市場，最後竟成功與中國企業家馬雲開展合作，與「阿里巴巴竟成功與中國企業家馬雲開展合作，與「阿里巴巴

公益基金會」、「桃花源生態保護基金會」一同創立杭州桃源里自然中心，設計在地適用的環境教育方案，培訓教師，訓練企業領導深入了解自然、融入自然，這樣的成果不僅讓友種團隊挺過創業危機，也站穩未來腳步。友種團隊創立十二年，我們也收到許多反饋。像竹科汙水處理廠工程師，透過我們的培訓，更了解自身工作的價值，當把汙水處理到好的標準才可以放流，其目的是為了水環境與人類的生命安全，讓工程師也能更有效和客戶溝通，知道自己的職能在產業發展與自然環境中，有獨一無二的；另一個客戶為金百利克拉克公司(舒潔衛生紙)與利樂包裝有限公司，友種團隊便設計森林永續利用(FSC)的課程，讓企業永續環境經營的理念，透過到校推廣與賣場互動體驗課程，彰顯企業ESG

對環境社會的永續關懷；「除此之外，也協助第一銀行推廣綠色金融，利用影響力擴大對環境守護的理念，諸如此類的企業ESG合作，造就我們的優良口碑。」書子補充道，看見企業的改變、參與者的笑容，也成為友種團隊的最佳動力。

培養台灣青年環境意識，盼以亞太為中心發揮最大影響力

希望能和企業有更多溝通對話的機會，設計企業ESG永續發展的相關課程，規劃淨灘、淨山、到教育機關服務等，思考開創多元教育方式；而中長程計畫是培養台灣國際青年，讓台灣年輕人學習，了解海洋生物保育、循環經濟、友善農耕等，將台灣擅長經驗，像是企業合作模式、NGO組織運作複製到國外，能站在亞太中心的高度，培養影響力。

環境友善種子｜商業模式圖BMC

 **重要合作**

- 專業人才
- 永續環境教育

 關鍵服務

- 企業ESG規劃方案
- 環境教育方案規劃
- 環境教育人員培訓
- 環境教育設施輔導與運營協助

 價值主張

- 以專業環境教育服務，創造人心的幸福與環境的美好，促使人人成為環境行動家。

顧客關係

- 異業合作
- 共同創造與客製化

客戶群體

- 企業
- 環境教育設施場所
- 政府
- 學校
- 企業
- 協會

核心資源

- 環境資源轉成多元高品質且有意義的體驗方案
- 理解不同學習者學習需求能連結人與自然、人與人、人與自己對話機會

渠道通路

- 官方網站
- Facebook
- Instagram
- 口碑

成本結構

- 課程及活動成本、人事成本、營運成本

收益來源

ESG規劃服務費用、活動及課程執行費用、人員培訓費用

Tip: 創業要「有種」一點！不要害怕未知、勇於冒險。 **Tip:** 覺得在做的事情是對的、就要持續往前，凝聚善的力量就會喚起更多人投入。

創業 Q&A

1.生產與作業管理

國際企業透過環境教育課程方案設計與服務走入了學校，提升企業形象與產品連結；阿里巴巴馬雲也選擇我們的環境教育系統規畫服務。

2.行銷管理

運用企業關心的痛點，解決企業ESG的環境服務，共同增加企業ESG的多面向影響力。

3.人力資源管理

尋找願意與我們共同關心環境的企業，達成經濟、社會、環境共好。

4.研究發展管理

專業人員的培養與內外部學習，在2022年年初，取得國際B型企業的認證，標準檢核包含「公司治理」、「員工照顧」、「友善環境」、「社區經營」和「客戶影響力」等5大面向。成為B Corp的一份子在喜悅的同時，我們也知道，認證不僅是一塊肯定我們的招牌，它同時也是一份對世界的責任、一項持續追求的目標、以及一個方向明確的起點。加入B Corp之後的友種，將繼續善用專業，當個「對世界最好的企業」。

5.成長增速可能會遇到哪些阻礙？

擔心人員的服務品質。

環境友善種子

tel: 02-2368-0603

web: www.friendlyseed.com.tw/

add: 台北市中正區和平西路一段56號7樓

驚鴻一撇

驚鴻一撇

李宣鴻 Shiuan-Hong Lee
創辦人

書法字引領風騷，讓人不禁驚鴻一「瞥」的藝術
—驚鴻一撇粉絲團

李宣鴻，「驚鴻一撇」粉絲團的創辦人，十歲就開始學習書法，擅長行書、楷書，逾千人學習的線上課程平台授課老師，也常以毛筆、鋼筆、沾水筆書寫激勵小語鼓勵大眾，更發行硬筆習字帖並創立自己的專屬字體，希望先於華人圈推行後，再放眼國際、將中華書法文化推廣至全世界。

創書法粉專「驚鴻一撇」，建立個人品牌

「我從國小就學各種才藝，書法只是其中一個，久了發現自己滿喜歡把字寫好看。」李宣鴻說。但隨著年紀漸長，課業壓力越來越大，一起學習的同學們紛紛改去補習，只有李宣鴻一路學書法到高中二年級，寫到老師退休、他仍堅持練字，一直到出社會三、四年後，李宣鴻將作品上架臉書，並將粉專命名為「驚鴻一撇」，除了「鴻」代表自己以外，整句也取自《洛神賦》一詞「驚鴻一瞥」，用以形容美好人事物的詞彙，李宣鴻將書寫動作「撇」取代瞥，代表寫字作品為美好事物，而作品刊登後，迴響頗為熱烈，漸漸有商業案件找上門，也讓粉絲專頁日益茁壯，無心插柳成了個人事業。

書寫激勵小語，鼓勵大眾拿筆寫字

李宣鴻常書寫勵志小語，不僅字形漂亮、也相當激勵人心，甚至有許多上班族看見作品而受到鼓舞。「有一名上班族私訊給我，說他看了我的作品影片後，重新燃起寫字動力。」李宣鴻說道，現代人工作忙碌，常忘了自己原先喜愛的事物，如今能透過自己喜歡的事物鼓勵人

重新拾回興趣，他著實又驚又喜；另外也有粉絲回饋，說自己因為家人離世，心情低落難以走出，直到看見李宣鴻書寫的激勵小語，讓他深受感動、進而敞開心胸與他人交流，李宣鴻說：「其實寫字PO文這件事本身並沒有收益，但能達成這樣的影響力與回饋、我相當有成就感。」收穫正面回饋，李宣鴻也秉持初衷，希望在現今科技時代，大家還是能記起小時拿筆寫字的感受，重回寫字的溫馨時光，他說：「希望透過我的字把練字的熱情激發出來，不要

1. 李宣鴻參加公視"一字千金"榮獲週冠軍 2. 李宣鴻親自提筆幫火鍋店寫招牌 3. 創辦人李宣鴻應LV集團邀請，LV專櫃提筆寫春聯贈與VIP客戶 4. 李宣鴻設計的驚鴻一撇硬筆習字帖

5. 李宣鴻希望讓書法富含多元藝術性、實用性，能應用於生活各處，進而舉辦個人展覽。 6. 李宣鴻書法作品結合"我不是胖虎"平面設計-虎年作品 7. 字帖運用在車商聚會酒單

認為寫字就是以前讀書的模式之一，或只能回憶起小時被罰寫的負面感受，而是深刻體會文字的純粹之美。」

發行硬筆帖，盼練習者思考文字背後的意義

初期刊登書法作品後，李宣鴻也以鋼筆、沾水筆於信紙書寫激勵小語，如：「如果人生是迷宮，那你的心將會是地圖。」文青風小語搭配金色墨筆，盼加深大眾印象、達到鼓勵效果。另外也發行硬筆習字帖，有別於一般習字帖設計為左右翻頁，會有高低差而影響寫字；李宣鴻採分頁式設計，並選用鋼筆墨水專用紙，顯色效果好；一頁 36 字、共 30 頁、約一千多個

常用字，而一般習字帖多以楷書為示範，而李宣鴻針對同部首的字，提供兩至三種不同寫法，豐富字體變化；就連習字帖外觀也別出心裁，燙金設計書夾如同藝術品，且字帖有搭配逐字錄影 更容易學習。「希望練習者練習時，不要只看見外型，而是要看見字體後的筆法與意義，了解這一橫為什麼寫在這邊、這一撇為什麼放在這，而不是照著灰底色純描寫。」李宣鴻說道，寫字已經不是兒童時代練字的形式，而是要知道自己為何而寫？了解字體背後的邏輯與意義。李宣鴻更提及，曾有一名學生粉絲給予特別回饋，他表述一開始相當勤奮練字，卻始終沒有顯著進步，直到購買李宣鴻的線上課程練習，調整寫字觀念，經過約半年，發現寫出來的字

有天壤之別，甚至參加比賽獲獎，自信心也提升許多，也讓李宣鴻相當欣慰，成為字體創作動力。

用字推廣中華文化，異業結合盼讓世界看見

「我結婚宴客時的菜單是用自己的電腦字體輸出，賓客桌上的桌卡每張親筆手寫，具有深遠的紀念價值。」不只在菜單上發揮書法功力，進一步設計出屬於自己、獨一無二的字體-驚鴻手書，共寫出一萬六千多個字，能透過電腦打字生成，也能夠用來美術編輯、模仿、臨摹、練字。走到這一步，李宣鴻放眼全世界，未來希望先從硬筆字與書法進階，拓展到全球。

驚鴻一撇│商業模式圖BMC

 **重要合作**

- 蝦皮賣場
- 悠達天下
- OMIA學東西
- justfont就是字

 **關鍵服務**

- 分享激勵小語
- 線上課程
- 習字帖
- 字型
- 毛筆、鋼筆
- 書寫字
- 寫字墊

 價值主張

- 驚鴻一「撇」的靈感來自於成語「驚鴻一瞥」、以及我名字裡的「鴻」，原意是比喻美好的事物短暫出現，而改成「撇」是代表書寫之意，表示希望在大家滑社群動態時，美麗的文字藝術從眼前快速劃過，留下美好的倩影。

顧客關係

- 主動關係
- 共同協助

客戶群體

- 愛練字者
- 練書法者
- 喜愛文字之美的所有族群

 核心資源

- 書法技術
- 多年經驗累積

 渠道通路

- Facebook
- Instagram
- YouTube
- shopee

 成本結構

- 設備成本
- 練字時間

收益來源

文房用品收益、
課程收費、
作品潤利

Tip: 不只發揮所長，更要進一步發展出屬於自己、獨一無二的風格。　**Tip:** 將作品與其他領域結合，富含多元藝術性、實用性，能應用於生活各處。

創業 Q&A

1.生產與作業管理
出版字帖和線上課程並且銷售達到實際商業化 是讓興趣變成事業的重要一步 這代表你的東西和營銷模式被市場所接受 而不是曲高和寡或孤芳自賞。

2.行銷管理
文章形式要不斷的嘗試新作法 才能找到最長久曝光的主題和形式 甚至是PO文時間 中間會有很多冷門的貼文 也不要因此氣餒 因為可能不久後也會出現"爆冷門"的文章。

3.人力資源管理
鋼筆廠商、文具廠商、毛筆廠商和課程平台 我覺得最重要的是"有錢大家賺"的思維模式 壓榨廠商或是凹贈品 都不是一個良好的合作模式 我會把廠商當朋友 平時也會聊共同話題 過年也會贈予親手書寫的春聯 當然也有遇到態度比較冷的夥伴一同開發的商品 分潤平均 後期的宣傳卻都是我來進行 雖然覺得可惜 但仍一樣保持商業合作模式 不過內心就會知道下次合作可以換人。

4.研究發展管理
全球化經營學習平台和字體平台 未來希望能成立一個完整的書法教育和書法字體平台 即使是外國人也可以簡單學習以及使用書法字進行各種設計。

藝境人文

賴秋如 Cherry Lai
藝境空間負責人
藝境絲竹團長

把藝術帶入生活，推廣宜蘭在地人文-藝境空間

賴秋如，藝境空間館長，也是藝境絲竹樂團團長。任職中國人壽業務經理的她，因為熱愛宜蘭這片土地，決心用音樂為宜蘭說故事，並創設藝境空間，結合音樂及藝術的課程活動，同時積極透過跨業合作的方式，支持音樂及藝術創作者，期望將藝境空間發展為推廣宜蘭在地人文的平台。

譜音樂，說宜蘭的故事

因著學二胡的機緣，賴秋如在100年12月創辦藝境絲竹樂團，並擔任團長，過去的經驗讓她與客戶交流時發現，多數人並不了解宜蘭的歷史，於是賴秋如決定透過藝境絲竹的音樂講宜蘭的故事，她帶領樂團與文史學家合作，替宜蘭各鄉鎮，分別譜寫五首曲子與創作五則故事，讓在地人和外來客認識宜蘭。在藝境絲竹樂團成立之初，賴秋如發覺四處尋找商務演出機會是相當辛苦，因而決定尋找空間進駐，除排練外，還能讓人們走進這個空間欣賞音樂。因

此，賴秋如於102年3月向羅東市公所承租坐落於羅東賢文里的木造房屋，並取名藝境空間。她也特別提及，這座木造房屋的手繪建築圖曾於荷蘭獲得世界第一的獎項，且木屋的三分之二由檜木建成，彰顯羅東為日治時期全台最大檜木集散地的文化傳承經驗，為藝境空間增添中西文化結合的色彩。

空間與品牌的轉型讓藝術走入生活

藝境空間最初的經營方式為定期舉行音樂表演和藝術展覽，後來賴秋如開始思考如何讓顧客

在展演後留下寶貴記憶，因此她決定推動空間經營的轉型，於藝境空間推出自家生產的產品，如金棗、可可、咖啡及文創商品。賴秋如分享，金棗有「早生貴子」的寓意，頗受顧客的喜愛，成為吸引客人方法之一；在文創方面，藝境空間亦與當地家長協會合作，製作各式活動的專屬紀念品，並將連續五年獲得全國版畫冠軍的潘勁瑞先生的版畫作品，製作成家長協會的禮品。此外，藝境空間也推出各式活動為宜蘭宣傳，顧客除了享受藝境空間內的咖啡和

1. 藝境空間為一世界設計大賽的得獎建築，東西概念建法，2/3 為檜木，建築特色有如細胞一樣未有上釘的牆面 2. 藝境空間於2022年6月取得穆斯林友善餐廳認證，可以接待穆斯林旅客推廣國際觀光 3. 藝境絲竹樂團
4. 藝境空間於大東北角觀光圈成立日代表羅東展攤展示文創 5. 藝境空間環境擺設 6.藝境與藝術家潘勁瑞合作推出特色文創商品-季節風景水彩畫珪藻土吸水杯墊系列：盛夏、初春之島 7.藝境空間內部
8. 藝境人文與森田藥粧聯名款藝境心球水潤緊緻膠囊

特色手作點心，還參與不定期舉辦的市集及手作課程，賴秋如相信，透過此類活動，能夠讓人們對宜蘭更加印象深刻，了解到宜蘭除了好山好水、還有好人文。對外方面，賴秋如也透過國台辦，與中國內地社區進行音樂交流，將藝境空間的合作團隊，如藝境絲竹本團、薩克斯風、銅管五重奏、木管五重奏、弦樂四重奏、扯鈴、歌仔戲等，帶入內地的社區交流，讓更多人認識台灣文化。近兩年，賴秋如更開始思考如何用不同角度將藝術和音樂融入生活，將藝境空間的品牌向更多人推廣，於是她開始與企業合作，強化人們對藝境的品牌意識。她強調，將企業形象與藝術結合，將是藝境未來發展的一大方向，例如藝境空間與森田藥粧合

作藝境心球產品，也推出藝術家李蓁聯名款的文創領巾，賴秋如相信，讓藝術走進生活就可以讓人們看見藝術的價值，並永留人心，使人們了解到：「藝術除了掛放在牆上，也可以走入生活。」

觀眾與學生的回饋是最大成就與感動

對賴秋如而言，藝文這條路相當辛苦，但觀眾的掌聲與回饋就是她堅持下去的動力，也是她認為最大的成就，除此之外，至藝境空間參與手作課程的學生回饋，也讓賴秋如感動。她回憶，在一堂三小時的速寫課程中，一位八十歲的奶奶在完成一幅畫之後向賴秋如分享：「雖然她不會寫字，但她會畫畫。」這讓賴秋如非常欣慰，她提到，速寫課程的開設初衷是希望鼓勵不會畫畫的人都可以拿起筆來，畫出一幅屬於自己的畫，可以作為禮物，也可以作

為一份紀念。另外，賴秋如表示，經常有新人前來藝境空間求婚、拍婚紗，完成終身大事，也令賴秋如十分感動。

憑藉堅持與熱愛，闖出一片天

關於藝境空間的未來發展，賴秋如表示，短期希望增加藝境空間的人流，打開知名度；中期希望能與更多顧客分享宜蘭的美好，並尋求更多創作者和企業合作，一同開發文創和聯名商品；長期，希望藝境空間能讓藝術走進生活、讓生命更精彩。對於給年輕人的創業建議，賴秋如本身不是專業音樂家、也不是藝術家，她認為，若要跨入陌生領域，成功關鍵是堅持、熱愛和永不放棄。

藝境人文｜商業模式圖BMC

重要合作
- 藝境心球-透過跨界合作，以生活與藝術結合為理念，將藝術作品融入生活日常，讓生命因人文美學綻放光彩

關鍵服務
- 樂團展演
- 課程展覽
- 活動承辦
- 市集規劃
- 跨業合作
- 空間租借
- 特色餐飲

價值主張
- 用音樂講宜蘭的故事，期許透過跨界合作，以生活與藝術結合為理念，將藝術作品融入生活日常，讓生命因人文美學綻放光彩。

顧客關係
- 課程活動交流
- 市集活動交流
- 走讀行程交流
- 餐飲分享交流
- 表演和展覽交流

客戶群體
- 觀光客
- 在地鄰里
- 樂團、臉書、IG粉絲
- 專程參加活動群眾

核心資源
- 在地故事
- 在地人文
- 國際視野

渠道通路
- 實體空間
- 合作通路
- 線上商城

成本結構
- 營運成本、人事成本、空間組金、課程活動規劃成本、硬體設置成本

收益來源

餐飲收入、
課程收入、
活動收入、
規畫設計收入

Tip：「藝術除了放在牆上，也可以走入生活。」

Tip：「不管你的夢想是什麼，如果你找到對的夥伴，堅持下去，就可以把事情做得很好，只要努力一定都有所成績。」

創業 Q&A

1.生產與作業管理

里程碑：以生活與藝術結合為理念，將藝術作品融入生活以日常，讓生命因人文美學綻放光彩。

執行：運用音樂、藝術、故事、走讀、市集、課程推廣地方人文。

害怕：叫好不叫座 缺乏共鳴。

溝通：引導、邀請客戶一同參與，合作達成共同目標。

關鍵特色：塑造獨特性，品牌合作。

2.行銷管理

自我推薦，跨業合作的行銷計劃，已擁有自己品牌的文創商品和餐食。

公關策略：把握每一次記者會、展演、活動的露出，全力以赴的呈現。

善用社群媒體，臉書、IG、官方Line，用能分享的社群，Line群組和臉書粉絲專業，因為行業別的關係，會用本來的銷售循環。

3.人力資源管理

因疫情的緣故，暫時無擴充人力的需求。

規模：希望有更多的合作夥伴把藝境空間當成一個平台,共同成長共同發展。

協調執行：從共事當中學習協調達成共識，處理好心情就能解決事情。

經驗：承辦音樂會，承辦市集、五星級飯店策展、規劃節目、走讀旅程、課程承辦

合作對象：要選擇價值觀跟理念雷同的。

藝境人文

我獨創角業，
UNIKORN
UNIKORN
UNIKORN
UNIKORN

tel: 03-956 0898　　Ig: e_jing_cafe

add: 宜蘭縣羅東鎮公正路199-1號

fb: www.facebook.com/artejing/

web: simpleyilan.com/e-jing/

Do

鼎農村試驗教育基地

陳胤丰 Yin-Feng Chen
創辦人

推廣幼童農村教育，強調從體驗中學習與成長
—鼎農村試驗教育基地

陳胤丰，鼎農村試驗教育基地創辦人。發現農村豐沛的生態資源缺乏推廣而逐漸消逝，他決心回到家鄉致力於農村文化教育推廣，專注於幼童體驗教育陪伴，強化孩童與家鄉的連結，更培養孩童抗壓性與責任心。另一方面也將孩子活動表現反饋給家長，作為家長在家庭教育的參考。

回歸家鄉，發展農村體驗教育

在台南土生土長的陳胤丰，畢業後北漂台北工作，擔任水田生態推廣教育計畫專員，工作之故經常到台灣各農村，從中發現農村擁有豐富生態、產業、文化資源，是個體驗教育的貴寶地。但卻無人將農村資源做體驗教育使用。因此辭掉北部工作回到故鄉台南學甲投入發展農村體驗教育。過程中意外發現一間古意盎然的三合院，雖屋內物品及沉重的木門遭竊，但期許擁有一個教育空間，在幾經波折後找到屋主，承租此空間，成為他投身農村教育的起點，並命名為「鼎農村試驗教育基地」。

多樣體驗課程，專注於幼童教育

「簡單生活，專注當下事物」是鼎農村試驗教育基地所要傳遞的核心理念，以「體驗式教育」讓孩童從實做中學習。在一開始是透過政府計畫，申請經費投入在地校園去帶領學童，認識家鄉的產業及文化，為在地孩童提供多元豐富課程。例如與在地學甲幼兒園發展帶狀性的食農課程及在地廟宇文化課程。陳胤丰表示，鼎農村試驗教育基地的課程內容相當豐富，課程涵蓋農村元素、社區體驗、攀樹課程、社區定向與技術性實作(如油漆和木工)等等。同時與在地企業合作，發展高低空繩索系列課程，帶領大家去挑戰自我。

用心陪伴孩子，以孩子的快樂為動力和成就感來源

鼎農村試驗教育基地成立之初，因剛回到家鄉，對於在地事務相當陌生，為強化對於在地的認識，積極參與社區相關事務工作。把社區事務當成鼎農村業務之一，義務去協助社區處理

1. 農村體驗課程-空中美語補習班 2. 打工換宿生活體驗-油漆工作 3. 鼎農村的自然環境 4. 鼎農村空拍照 5. 板橋圓心坊幼兒園背包客生活體驗 6. 打工換宿生活體驗-攀樹體驗

7.親子攀樹課程 8. 合院餐會

相關計畫行政事務。卻忽略經濟收入來源，導致鼎農村的營運發生狀況，而令他開始懷疑回到家鄉發展農村體驗教育是否為正確的選擇。慶幸的是，受過鼎農村陪伴教育的孩童們，在活動中皆給予正向的回饋，讓他打從心底認同自己正在做對的事情，只是暫時還沒有人發現其價值。另外在與孩子相處下，從中感受到他們簡單的快樂以及看著他們成長及改變，成為他往前走的動力。另外在學甲幼兒園的食農課程中，校方老師向他分享，班上有個小孩原本

以哭鬧方式面對事情，經過鼎農村一連串的課程後，孩子哭鬧的程度降低，可見課程對於孩童們是有影響的。鼎農村試驗教育基地提倡「做中學」，在課程中引導孩子們主動思考，並動手嘗試做任何事情，讓孩子們看到不一樣的視野，培養責任感並增強抗壓能力，以及養成凡事動手嘗試的習慣。另外鼎農村更會從中觀察孩子們的一舉一動。將所觀察的畫面轉化成文字紀錄提供家長參考，讓家長們從不同的角度觀察孩子，去發現孩子的非凡之處。

積極找尋資金，目標為整頓場地，並提供多功能空間

對於鼎農村試驗教育基地未來規劃，目前處於資金缺乏的階段，加上場地尚未整理完竣。不過鼎農村試驗教育基地在長達十年的紮根努力，終於在111年獲得地方創生計畫挹注，期許在112年能夠將鼎農村整頓完竣。在未來成為適合各年齡層的交流平台，並規劃青年創業辦公空間，讓願意投入在地事務的青年們有一個舒服的辦公環境。

鼎農村試驗教育基地｜商業模式圖BMC

 重要合作

 關鍵服務

 價值主張

 顧客關係

 客戶群體

- 與台南在地學校和企業合作，開設高低空繩索課程

- 主題式課程
- 夏令營

- 「簡單生活，專注當下事物」
- 以農村為媒介，發展體驗教育
- 以「體驗式教育」讓孩童從實作去學習

- 透過課程教育客戶

- 幼童

 核心資源

 渠道通路

成本結構

收益來源

- 農村環境
- 體驗式教育

- 網路預約

- 營運成本、人事成本、場地成本

課程收入、
政府補助收入

Tip：「簡單生活，專注當下完成眼前的事物。」

Tip：「擬定好創業的目標，不需急於創業，在創業之前整合自己所擁有的資源和人脈再投入創業。」

創業 Q&A

1.生產與作業管理

我們在學甲長達十年時間，以農村元素去發展體驗教育，帶領青年學子豐富多元的農村生活，近兩年來在空間有樹木修剪需求，開始接觸攀樹修剪，修剪空間的大樹。同時將休閒攀樹導入鼎農村中，除了讓體驗者接觸農村元素外，將攀樹體驗元素納入，讓體驗者擁有親自大樹及挑戰自我。成爲鼎農村重要的體驗商品。另外更提供樹木修剪的服務。

2.行銷管理

我們透過FB粉絲團去行銷體驗商品，而在疫情影響下，我們主要的服務對象從散客轉變爲團體客，例如安親班、學校、社福團體......等。

3.人力資源管理

我們在學甲積極開發農漁村在地旅遊行程，串聯在地店家進行遊程，帶領遊客直接走入產地。另外更發展農村冒險教育，將定向越野及攀樹課程導入農村中，讓旅遊元素更加多元。利用定向越野讓體驗者親訪在地社區，學習如何使用地圖及指北針。攀樹課程讓體驗者親近大樹及勇於挑戰自我。還有樹木修剪工作。

E A S E 簡易淨

聶富環 Connie Nieh
創辦人

從家事痛點出發，創立小農植萃的清潔劑 –EASE簡易淨

Connie，EASE簡易淨創辦人，畢業後就進去外商公司任職，薪水穩定，後來決定出來創立家事服務公司，初期受到家人反對，靠著自己對創業的堅持，還有先生Daniel及合作廠商的支持，讓公司逐漸步上軌道，近幾年受到疫情關係，也帶領公司轉型，結合在地小農產品，進而設計出對環境、人體及寵物友善的清潔產品。

發現每個家庭的家事痛點、進而轉型研發並解決

2016當年，Connie跨入了家事服務業，主要是到府做清潔及收納服務，經由服務實務經驗累積並了解每個家庭都有家事痛點，再來是近幾年遇到疫情，家事服務因此停擺，與先生Dani-el討論後所以決定一起創業，將公司轉型販售清潔用品。前段提到的家事痛點是每個家庭都會遇到的困擾，如水垢、髒污、發霉等問題。團隊夥伴試用超過六、七十種以上的清潔用品，也找不到100%滿意的產品，因此著手研發溫和安全且有效的清潔劑。

公司中文名稱簡易淨，意思為「簡單、容易、乾淨」的簡稱，英文名EASE的部份是希望客戶在打掃的過程都很簡單，讓髒汙更快更容易乾淨的意思；產品包裝採取純白色設計，這個設計的出發點有兩個含意，第一是希望它是「家的保養品」，純白色可以很符合每個家庭的裝潢設計，再來希望它像女生的保養品一樣，把家裡保養的很乾淨很舒服，第二個是「打造不生病的家」，很多家裡都有小孩或寵物，環境不乾淨也會常讓家庭成員過敏或生病，這可

能是清潔過程的一些小細節沒有注意到所造成的，Connie表示他們都會跟客戶分享家事清潔的需要注意的事項，比如髒污不累積隨手做清潔，另外再搭配EASE簡易淨的清潔劑，讓大家可以輕鬆地做好家事。

結合在地小農產品，幫助它們找到更多用途

Connie表示，從事家事服務時團隊為了幫客戶解決家事問題，用過很多不同品牌的清潔用品和藥劑，比如殺蟲劑，夏天到了，會有很多蟑

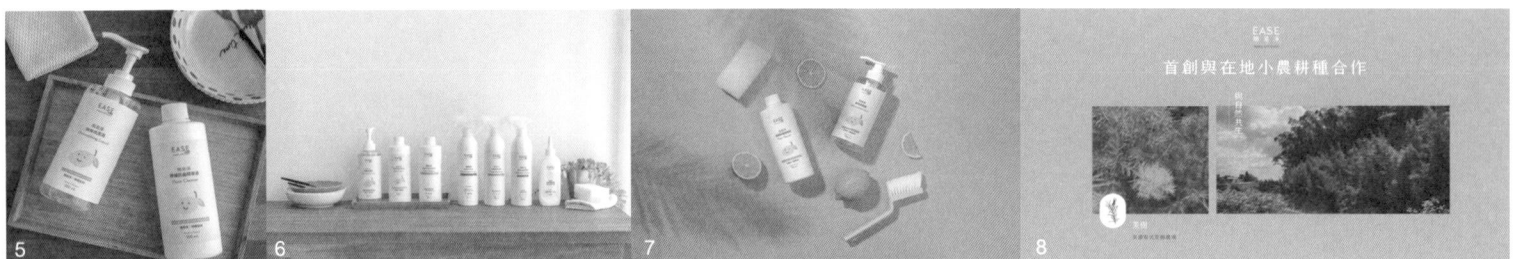

1. 與獸醫共同研發敏感寵物專用防蟲清潔劑 2. 上市前經過100人試用回饋，主打25~45歲注重居家質感女性 3. 2016年從家事服務起家的簡易淨團隊 4. EASE簡易淨型象公仔

5. EASE簡易淨與誠品書店獨家合作商品「檸檬防蟲精華液」 6. EASE簡易淨-家的保養品設計概念 7. EASE簡易商品使用天然有機檸檬汁注入清潔用品中 8. 簡易淨清潔用品首創與在地小農耕作合作

蟑螞蟻，一開始同事反應很困擾的是殺蟲劑的味道都很重，有次參加業界的聚餐，認識一位在農業領域做天然蟲害防治的專家，專家分享現在因農藥殘留對環境的影響，很多農民會使用天然的方式去除害蟲，這給Connie有了新的方向，想要將清潔劑與台灣在地企業與在地農業做結合。後來也找到美濃在地種植無毒有機茶樹的小農，直接跟小農採購天然茶樹純露，以茶樹的純露做基底，另外再添加像是薰衣草、尤加利等驅蟲的植物香氣，製作出「防蟲精華液」，讓客人在拖地或是擦拭的過程中可以順便驅蟲且味道芳香，取代藥物方式，對環境及人體無害，除了能使用最天然的原料外，也能幫助在地的農友。後來經過不斷試驗，發現效果還不錯。Connie說清潔劑上市前，都會經過試用團隊去做試用，且試用人數至少100人，然後再來回的測試及打樣，並秉持著好用且對環境友善的理念去做出成品。

成立試用團隊，為未來持續開發產品做準備

至於公司未來的規劃，Connie表示短期想要成立試用小隊，前面也有分享公司2016年成立初期以家事服務為主，除了提供基本清潔打掃服務，更提供當時較新穎的「整理收納及搬家打包上架」服務，團隊夥伴們還需要積極開發市場做推廣，直到現在已經累積有一批客戶群，因此也希望從這一批客戶衍生更多願意幫忙試用且給建議的小團隊，與實際使用者貼近並互相交流，進而由小團隊提出更貼近客戶所需產品研發的建議；中期計畫是推出不一樣的產品，比如寵物系列用品，這也是因為很多客人會回饋他們的家事困擾，因此公司針對客人的困擾去做產品的研發；再來是長期希望讓更多人認識這個品牌，以及參與更多公益活動。Connie表示其實創業初期對自己會不會成功沒有把握，建議年輕人想要創業，可以找到自己喜歡且適合的產品或領域去做深入的研究，她說她很喜歡的一位企業家徐重仁曾經說過「市場沒有飽和，只有重分配」，也舉例假設一個產業在市面上已經非常良久，但只要從中看出它的痛點，進而把痛點解決及補足，所以深入研究非常重要，且在研究過程可以從中理解該領域是否是自己值得去經營。

EASE簡易淨│商業模式圖BMC

 **重要合作**

- 在地小農
- 在地企業
- 試用團隊

 關鍵服務

- 家事服務(居家清潔、收納整理、搬家打包上架)、清潔劑販售、生活用品販售

價值主張

- 利用家事服務幫客戶解決居家清潔及收納擾，並從中蒐集家事痛點，進而研發對環境及人體無毒的清潔用品，達到快速清潔的目的

 **顧客關係**

- 個人零售、個人需求解決、異業合作

 **客戶群體**

- 家裡有需要清潔的客戶、家事痛點的客戶、想要對環境及人體無害的清潔劑產品的、喜歡高質感居家用品的人

 核心資源

- 公司研發團隊
- 外聘專家顧問
- 家事服務的經驗

 **渠道通路**

- 官方網站
- 官方LINE
- 實體門市
- 臉書粉絲專業

成本結構

- 營運成本、人事成本、原料成本、研發費用

收益來源

服務費用、產品售出收益

Tip：公司宗旨為簡單、容易、乾淨　Tip：與在地小農合作，推出對環境友善的清潔用品

創業 Q&A

1.生產與作業管理

設立短/中/長期目標，可使用PDCA的工具，而在執行的過程中一定會遇到問題需要修正，當問題修正後再檢視目標是否需要調整，較不易偏離原本的核心。

2.行銷管理

藉由KOL或客戶分享實際使用的經驗，讓潛在客戶認識產品，進而有機會願意購買使用。

3.人力資源管理

增加庫存管理並優化出貨的流程。

4.研究發展管理

後疫情時代雖然網購已成習慣，但還是有許多客戶喜歡從實體商店購入生活用品，希望能增加持續實體通路，並有機會成立更便利環保的無包裝商店。

5.財務管理

產品的研發與創新，希望能有更環保的包材選擇。

相信樂團

謝伯鴻　Eason Hsieh
總監

了解天賦並將它發揮極致、團隊合作讓自己更多樣化發展 –相信樂團

謝伯鴻，相信樂團總監，原本從事十年的業務，後來了解自己的天賦是口條，因此出來創立樂團並全職當主持人，從原本的銷售商品心態轉而銷售自己，不只主持婚禮，後來延伸主持春酒即品牌發表會等不同領域，並邀請主持界好手一起交流，互助求進步。

從事十年業務，了解自己天賦，進而轉職

謝總監原本從事十年的業務，從事的業務內容有房仲、保險等，也有斜槓幫忙同學開立的婚友社兼職聯誼主持人在從事業務時成績一直不是很理想，因此換了很多家公司，直到六年前從保險公司被考核掉，他才認真審視自己是否適合當業務，也從中了解自己的天賦是口才，口才不錯的他，當初才被朋友請去婚友社當主持人，謝總監從此了解，他是個適合拿起麥克風，站上舞台上為大家帶來歡樂、帶動現場氣氛的主持人，也因此開啟了他的創業之路，因

此創立「相信樂團」。取名相信樂團的背後原因是希望每位新人都能相信他，並將人生中最重要的典禮交付予他。

用第一次心態經營去成就經典、樂於分享並得到更多技巧

創業之初，月收入不到一萬，當時被太太勒令再給他半年時間，如果半年的時間沒有讓收入起色，就請他去超商當大夜班或是去早餐兼職，皇天不負苦心人，讓他在半年內業績慢慢起色，從原本販售產品的業務思維轉換至銷售自

我口才等個人特色的主持人，也讓他從每月原本接一場婚禮到後來接五場以上，太太看到這成果，也不再有任何異意。謝總監表示，品牌宗旨是「成就每一場經典」，結婚要一定有餐廳、新秘，不一定需要主持人，但如果找主持人則會讓婚禮更加分，婚禮對主持人來說是工作的內容，但對新人來說這是人生唯一一場最重要的大事，所以也要求樂團，要以每一次都當第一次去主持，去維持第一次主持的情緒的謹慎度，這也是最困難並在持續挑戰的地方。

1. 相信樂團總監Eason 2. 相信樂團總監和婚禮新合照人 3. 質感VIP派對主持 4. 薩克斯風老師隊長 5. 科技公司尾牙現場主持活動

6. 義大利品牌-杜卡迪尾牙現場主持 7. 復古風party主持 8. BelieveBand樂團超高顏質，堅強陣容

找到主持的多樣性、發展更多領域

相信樂團以婚禮主持為出發點，也打造了主持活潑、有聲有色的名聲，請的樂手也很有質感，因此衍生出尾牙、春酒、品牌發表會、記者會等主持服務。有次服務的新郎的妹妹在成大醫院就職，醫院每年五月是護理師節，都會舉辦活動，也因此那位妹妹邀約樂團來主持五月份的護理節活動，從此名聲在醫院傳開來，也陸陸續續接到醫院內部多場活動，到現在，樂團也接了很多大型公司活動，比如台積電，主持台積電的春酒跟尾牙等大型活動已是固定的場次，讓服務內容更多元化。再來是有一年去台南文化中心擺攤，剛好迷客夏也擺攤做公益，當時巧遇國中同學，更巧的是國中同學的老婆就在迷客夏服務，也順勢被介紹去接洽迷客夏的春酒活動，相信樂團在幾個競爭廠商中脫穎而出，也成功主持當年迷客夏春酒活動，並造就後續服務機會，也深感社群媒體很重要，長期經營社群媒體可以影響別人對自己的觀感。主持人齧其實很封閉，都怕別人偷學，但謝總監的想法是，如果容易被學走的就不是你獨特的技巧，學不走的才是真材實料的，因此他非常喜歡交流跟分享，常常找很多有經驗及屬害的主持人一起交流，他會把他本身的「撇步」跟他們分享，得到的回饋是這些主持人也會把技巧分享給他，因此他得到的主持技巧更多，比如記者會的主持語調就必須沈穩跟慢，從此也讓謝總監不論在品牌發表會或記者會等活動都表現的相當優異。

從客戶反饋學習、並提倡合作可以走得更長遠

大部分的新人在婚禮後都會在臉書分享及寫推薦，創立樂團的口碑，但也有客訴，雖然每場服務不可能達到百分之百的表現，但要至少要有九十分以上，那次客訴讓他們很謹慎處理，去請教新人在典禮過程有哪些互動不滿意，請新人給予意見及反饋，再贈送禮券和小禮品當作謝禮，從反饋中不斷改進。謝總監成立了一個主持人聯盟，聯盟集結業界很多屬害有自己品牌的主持人，每個月固定開會一次，目標是交流、壯大自己，聯盟內還能互相介紹客戶。創立目的是要自律，要訂年度目標，如果當年業績沒達標就要捐錢給聯盟當作吃飯基金。

 重要合作

- 各界主持人
- 婚禮
- 台積電
- 公司尾牙及春酒
- 記者會
- 迷客夏
- 醫院

關鍵服務

- 婚禮、公司尾牙及春酒、品牌發表會以及記者會主持

 價值主張

- 品牌宗旨是「成就每一場經典」，結婚要一定有餐廳、新秘，不一定需要主持人，如果找主持人則會讓婚禮更加分，婚禮對主持人來說是工作的內容，但對新人來說這是人生唯一一場最重要的大事，所以也要求樂團，要以每一次都當第一次去主持，去維持第一次主持的情緒的謹慎度。

顧客關係

- 共同協助
- 個人協助
- 異業合作

客戶群體

- 婚禮、公司尾牙及春酒、品牌發表會以及記者等需要主持人的需求

核心資源

- 各界主持人
- 樂團成員

 渠道通路

- 官方網站
- 官方粉絲團
- 官方Line

成本結構

- 營運成本、人事成本、設備採購與維護、廣告成本

收益來源

服務費用

TIP:從反饋意見中不斷改進，珍惜每次客訴的機會，才能有讓他們進步的動力。　TIP:善用交流跟分享，容易被學走的就不是獨特的技巧，學不走的才是真材實料

創業 Q&A

1.生產與作業管理

每年培訓三位主持人。

2.行銷管理

下關鍵字SEO。

3.人力資源管理

對接有經驗的公關公司。

4.研究發展管理

南台灣樂團第一品牌。

5.財務管理

人才培訓不易。

相信樂團

tel: 0906008043

e-mail: service@jewelcity.com.tw

web: wedding-service-1481.business.site/

add: 台南市永康區大灣東路22巷42號

奇安娜 形象工作室 Qiana

Qiana
創辦人

「美學」是一種堅持—QIANA形象工作室

「QIANA形象工作室」，訴求客製服務，從測色、風格頗析，到美姿美儀，找出最適合自己的風格形象，讓客戶出席任何場合都能亮眼動人。

進修，讓美感成爲專業

奇安娜，「QIANA形象工作室」的創辦人，本身熱愛研究美的事物，周遭朋友知道奇安娜對於美的敏感度總是領先眾人，常常前來詢問奇安娜搭配建議，為了讓自己更有說服力，奇安娜努力進修、考取證照，將能力專業化，並創立「QIANA形象工作室」。

奇安娜，將自己的興趣與專業結合，創立了「QIANA形象工作室」，說到創立工作室的起心動念，來自於平時對美感的堅持。本身大學就讀的科系是企業管理系，平時就對美的事物很感興趣，並擁有獨特過人的審美觀，舉凡服飾、美妝、配件、髮型，奇安娜都有涉獵，周遭的親朋好友也會不時詢問奇安娜，如何將自己的外型打理得更舒適、更亮眼，也是周遭好友的好評不斷，奇安娜決定將自己的優勢打造得更專業化，利用時間上課、進修，考取專業證照，讓個人能力與工作是更有說服力，結合自己的對美學的堅持、企管系的專業，於是

合自己的對美學的堅持、企管系的專業，於是「QIANA形象工作室」誕生。

找出適合風格，是美感第一步

「QIANA形象工作室」的品牌理念是，不須使用名牌配件，也能搭配出個人特色，讓客戶在各個場合出席都能亮眼動人。來到工作室的客戶，奇安娜首先會為客人做測色服務，找出適合的顏色、色調，再去找尋適合的單品、配件，也讓客戶清楚什麼樣的顏色適合自己，在

1. QIANA形象工作室，爲您找到最適合個人風格，進一步搭配合適單品　2. & 3.「QIANA形象工作室」的品牌理念是，不須使用名牌配件，也能搭配出個人特色

4. QIANA形象工作室，提供陪伴採購服務，打造最舒服最適合社交的專屬風格　5. QIANA形象工作室，爲藝人打造流行時尚風

未來平時的挑選上也較有依據，避免像過去重複購買不適合自己的衣物的窘境。測色服務後再來是風格剖析，奇安娜表示，在社交場合第一印象尤其重要，而如何展現良好的第一印象，找出自己的獨特風格是重點，有些人認為第一次見面就要以亮眼、明顯的單品做為開場，但浮誇的物件並不適合每個人，找出風格、挑選與風格映襯的單品，比起搶眼、浮誇，更能抓住眾人的眼光。除了外型的搭配建議，工作室也提供美姿美儀服務，讓客戶學習餐桌禮儀，熟悉流程，並知道如何在飯局中表現禮貌，讓用餐也能表現的得體、優雅。工作室也提供單品採購服務，奇安娜說明，常常看到顧客苦思找不到適合的一件配件、單品做搭配，奇安娜便開放採購服務，由奇安娜把關商品的選擇，為顧客篩選流行又適合自己的配件，也提供陪伴採購服務，和時尚守門人一起逛街打造不出錯的亮眼形象。

打造商務完美戰服，與有榮焉

「QIANA形象工作室」採預約制，本業是會計的奇安娜，謝謝現任老闆的支持，讓奇安娜在下班後盡情發展副業，本業能支撐工作室，讓奇安娜不受經濟壓力，盡心專注在服務客戶。曾經有一位男性客戶，是知名產業的二代接班人，來到工作室訴求打造出高級感、正式感，以符合目前所需要出席的場合，從測色到剪髮、風格頗析、單品搭配，這個案子從早到晚共花了將近八小時才結案，回家後客人傳來回饋:「你的工作真不簡單!」雖花費大量心力，客人滿意、真實的感想，是支持奇安娜繼續經營工作室的最大動力。奇安娜過去的客群多為商務人士，不管是成熟、經典、氣質、優雅的風格，奇安娜都完美的幫客戶打造出滿意的形象，對奇安娜來說，為客戶打造一套套戰服，讓客戶在商場上如魚得水，身為背後功臣的她與有榮焉。

美學不難，最難的是行動力

目前也在規劃與營養師、健身教練配合，不只在外型上做改善、改造，體態上也是。

奇安娜QIANA形象工作室│商業模式圖BMC

 **重要合作**

- 企業、個人戶

 關鍵服務

- 測色服務、風格顏析
  、美姿美儀、單品採購

 **價值主張**

- 主張找到最適合個人
  風格，進一步搭配合
  適單品。

 **顧客關係**

- B2B、B2C、異業合作

 **客戶群體**

- 任何想打造商務形象
  之人士

 **核心資源**

- 專業證照之進修

渠道通路

- 實體空間
- 官方網站
- 媒體報導
- Line@

 **成本結構**

- 營運成本、人事成本、設備採購
  與維護

 **收益來源**

客戶收益
廠商合作利潤

Tip：美學不難，最難的是行動力。　**Tip**：不須使用名牌配件，也能搭配出個人特色。

Tip：有彈性應變的能力，遇到變故，慢下來、釐清事情，確實執行行動將每件事做好。

創業 Q&A

1. 研究發展管理

工作室未來將會有打造素人的全新企劃，挑選過去不會特意打理形象的人士，爲其客製化、大改造，找出全新個人風格，期待改造後的全新形象能讓客戶驚艷、耳目一新。目前也在規劃與營養師、健身教練配合，不只在外型上做改善、改造，也訴求從裡到外改變，讓人體態上也是舒服、健康的，相信工作室未來提供的服務將會更多元化。

小喵 Li-Yi Chen
創辦人

主攻女性客群，以柔和風格打出品牌知名度
—粉紅喵刺青

小喵，粉紅喵刺青的創辦人，擁有豐富美術教學經驗，後來大膽轉行，拜師學成刺青後，成立以女性客人為主的工作室，刺青師團隊成員皆為女性，以柔和的風格打造品牌，期許為客人帶來幸福感，粉紅喵刺青店內亦分層提供服務，並設有VIP室，提供隱蔽空間，保障客人隱私。

美術教學起家，拜師學藝後往刺青領域發展

小喵一開始從事美術教學的工作，有教學課堂才需要上班，因此多出許多閒暇時間尋找興趣與挖掘新專長。在朋友介紹下，她才開始接觸刺青，向刺青師傅拜師學藝。對小喵而言，過去較少有機會接觸刺青領域的人，她也在學習刺青的過程中，漸漸改變過去對刺青的看法。

主打柔美風格，搶攻女性刺青市場

粉紅喵刺青的客群以女性為主，小喵相當注重客人隱私，她提到，一樓是櫃台接待區，與客人的相關討論皆在一樓，因此較不會影響二、三樓正在刺青的客人；此外，二樓設有VIP室，提供給刺青在較隱密部位和較為內向的女客人。粉紅喵刺青共有四位紋身師，團隊整體採取較不具侵略性、柔和的風格，同時將店內共三層樓漆成粉紅色，希望讓客人有溫暖的感覺；此外，小喵也授權給刺青師，使刺青師能保留屬於個人風格，她認為，一位刺青師保有刺青風格，才能發揮所長服務客人。在風格的部分，小喵的風格為夢幻與柔美，紋身師姿姿的風格則是線條較粗、色彩飽和，擅長卡通人物和呆萌角色，紋身師書儀的風格詼諧幽默，擅長插畫型人物。

不懼質疑，客戶滿意度做成就來源

小喵一開始在紋身店家工作，後來成立工作室後，除開始感受到店租壓力外，另一方面，主打女性客人為主、沒有男性紋身師的經營方式也讓小喵受到不少質疑。同時，紋身師也有心理層面的壓力，雖然畫圖時心理負擔較小，但真正要刺上的時候，圖案是不可塗改的，要準備好、夠有自信才能下針，加上每個客人對疼

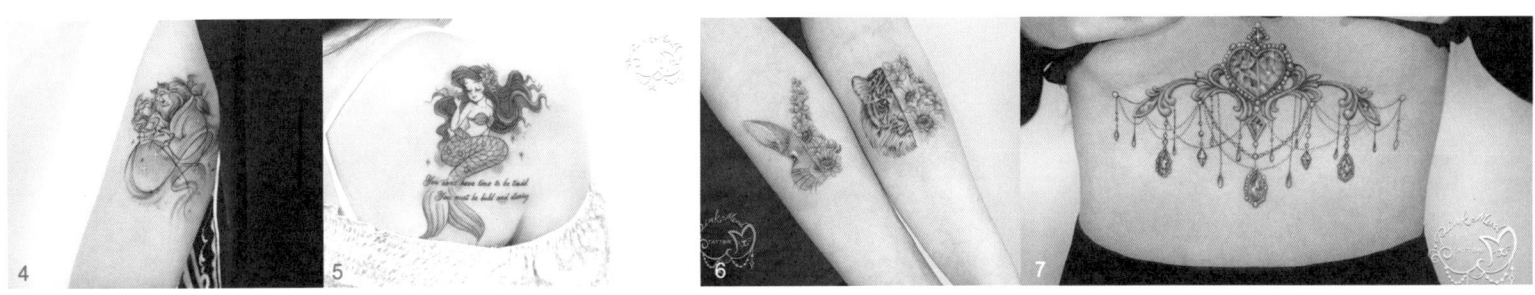

1. 粉紅喵刺青一樓是櫃台接待區　2. 粉紅喵刺青二樓設有VIP室　3. 粉紅喵刺青創辦人小喵　4. 粉紅喵刺青作品-美女與野獸　5. 粉紅喵刺青作品-小美人魚　6. 紅喵刺青作品-花園裡的兔子與老虎　7. 粉紅喵刺青作品-藍色水晶燈

痛的忍耐程度不同，當客人感覺到疼痛時，如何安撫客人的心理狀態，以及是否精確下針，都是紋身師需要面對的難題。對小喵而言，見到客人對刺青作品感到滿意的過程是她感到欣慰的時刻，也是她持續經營粉紅喵刺青的動力。最特別的是，能替客人完成能夠留在身上的作品，也是一件有意義的事情，小喵以一組客人為例，這組客人是一對母子，原先一起預約刺青，但兒子後來離開人間，媽媽後來還是完成刺青，這位媽媽與小喵分享，刺青讓媽媽覺得兒子能一直在身邊，而能讓刺青成為回憶，對小喵而言也是一件有意義的事情。

除精進刺青技巧，良好客戶應對亦是成功經營的關鍵

關於粉紅喵刺青的經營目標，小喵表示，短期以強化刺青技術，中長期希望培養更多種子刺青師與更多元的團隊風格，供客人做選擇。對於想創業的年輕人，小喵提到，坊間有不少刺青教學補習班，建議好好地拜師學藝，找一間優質店家長待，長期下來除了可以學習到刺青技巧，也能加強更多如何應對客人狀況和觀察客人皮膚狀況的經驗，畢竟這些能力需要一定經驗的累積，並非一兩個月就能學會或自行創業，持之以恆，才能成功。

粉紅喵刺青 | 商業模式圖BMC

 **重要合作**

- 無提及

 **關鍵服務**

- 女性客戶隱蔽空間、女性刺青師、線上預約服務

 **價值主張**

- 刺青作品以柔美風格為主，希望帶給客戶幸福感，輔以每個刺青師不同的個人風格發揮。

 **顧客關係**

- 預約服務
- 一對一服務

 **客戶群體**

- 女性

 **核心資源**

- 專業刺青師
- 多元刺青風格

 **渠道通路**

- 實體店面
- 線上官網

 **成本結構**

- 店面營運成本
- 人事成本

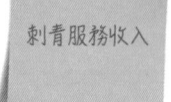 **收益來源**

刺青服務收入

Tip:「風格一定是要自己喜歡的東西，才能好好發揮」　Tip:「除刺青技巧外，皮膚狀況和客人應對狀況也是需要加強和需要經驗的累積」

創業 Q&A

1.生產與作業管理

需要客戶確定自己想要的題材和風格，並且搜集相關資料的圖，如果有故事或原因也請一併提供，以利後續圖樣設計的溝通可以更貼近了解客戶的需求和喜好。

2.行銷管理

我們會再增加不同創作風格，優質紋身師進去我們的團隊提供客人更豐富的選擇。

3.人力資源管理

我們會再增加不同創作風格，優質紋身師進去我們的團隊，提供客人更豐富的選擇。

4.財務管理

成長增速可能會遇到哪些阻礙？

人才培訓完成，如何留住人才，規劃後續其他展店計畫。

那咖馬行動餐車
Nakama

Kido Zeng
老闆

將人生故事繪於餐車外觀，以獨特醃料的口感擄獲顧客的味蕾—Nakama那咖馬行動餐車

Kido，Nakama那咖馬行動餐車老闆。受電影啟發，開啟行動餐車餐飲服務，並將自己的人生經歷化為故事元素，融入餐車外觀與顧客分享，同時以自己的柯基愛犬作為店鋪招牌，吸引年輕客群，未來期許每半年到全台各個城市進行快閃活動，讓更多人認識Nakama那咖馬行動餐車。

柯基作為餐車主題，吸引顧客上門

台灣在不婚主義崛起、少子化盛行、高齡化再創高峰的趨勢下，對於各行各業的影響逐漸浮現，補教業者、餐飲業者、製造業者逐漸感受到缺客、缺人的窘境，但也因為這樣的現象，帶來龐大寵物商機，寵物餐廳與寵物友善餐廳紛紛崛起，以美式早午餐「貳樓餐廳」為例，透過空間安排能增加飼主與寵物的用餐氣氛，同時也為寵物舉辦活動。而Nakama那咖馬行動餐車雖然沒有提供室內空間，但其最佳招牌為業主的柯基愛犬「Krump」，在老闆辛苦打

天下的時間在旁陪伴，除此之外，Krump也擔任重要的「攬客員」，在年輕世代喜愛寵物的偏好下，吸引不少年輕族群與家庭前來品嚐古巴三明治美食。

將個人經歷融入品牌理念，以獨特醬料和麵包征服顧客的味蕾

行動餐車以NAKAMA命名，NAKAMA背後含意為夥伴的意思，對Kido來說，柯基和顧客是他創業路上最好的夥伴，柯基陪伴他工作，顧客則給予他許多回饋。而NAKAMA那咖馬行

動餐車上繪有不同圖案的柯基，每隻柯基代表Kido過去不同的經歷，如街舞、音樂和餐飲，Kido希望透過餐車上的柯基圖案，將自己的故事分享給顧客，讓顧客認識到NAKAMA的品牌理念。在販售的商品選擇上，Kido表示，選擇古巴三明治販售主要係受到電影《五星主廚快餐車》的啟發，電影中主角帶著小孩到處販售古巴三明治，讓Kido聯想到帶著柯基在台灣到處賣古巴三明治的可能性，因此展開以行動餐車販售古巴三明治的服務。

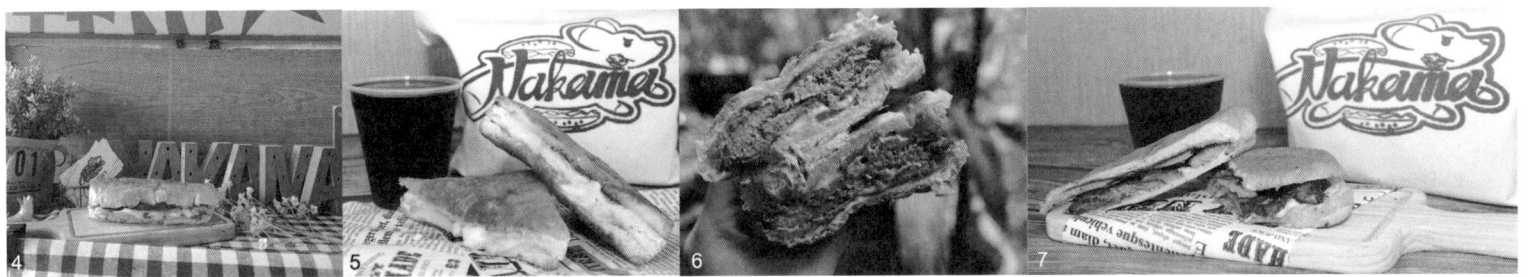

1. Nakama那咖馬行動餐車餐車外觀　2. Nakama那咖馬行動餐車狗老闆Krump　3. Nakama那咖馬行動餐車餐車營業中　4. Nakama那咖馬橙香豬肉古巴三明治　5. Nakama那咖馬起司瀑布

6. Nakama那咖馬橙香豬肉古巴三明治橫切　7. Nakama那咖馬橙香豬肉古巴三明治斜切

Kido分享，古巴三明治注重醃料，三明治的肉類採用豬肉，以柳橙汁為基底加上其他水果醃製，如檸檬、柚子、鳳梨等，水果富含酵素可軟化肉質，使得口感較為鮮嫩，除此之外還會加入香料，讓顧客在品嘗每一口古巴三明治時，除了有果香，還有香料的味道，形成招牌的獨特口感。在古巴三明治的麵包選擇方面，傳統古巴三明治使用拖鞋麵包，然而因台灣人普遍認為拖鞋麵包難以吞嚥，故台灣的古巴三明治業者改改用軟式的法國麵包，Kido自豪表示，NAKAMA那咖馬行動餐車的古巴三明治麵包來自小店的法國麵包，口感較麵包工廠製作出來的法國麵包佳，因而深受顧客喜愛。

透過反饋，將產品調整到最佳狀態

Kido談及創業之初，常把一切想得過於美好，過度自信。他分享，早期產品出來後，對自己的產品非常有自信，相信一出車擺攤會吸引很多顧客上門，然而第一次的出車經驗並不理想，雖然頂著滂沱大雨出門，但卻因車門沒關好，造成食材和工具損失，導致無法成功開始營業；而第二次出車時卻碰到僅有三名顧客上門購買的情況，讓Kido反思，不應將一切美好化，需逐漸調整口味，因此他於擺攤時，會先請附近店家試吃，再做口味上的改善，透過試吃者的反饋將產品做得更好。創業的三個月後，NAKAMA那咖馬行動餐車開始迎來回頭客，

顧客會在回購時提供建議，NAKAMA那咖馬行動餐車亦受到越來越多客人的肯定。

先體驗和豐富人生，再將歷練和故事融入創業理念

對於NAKAMA那咖馬行動餐車的未來規劃，短期內Kido預計每年舉辦一次全台每個城市的快閃活動，中期以後希望未來可以達成每半年一次全台快閃的目標，針對快閃活動，Kido會於每月初將活動公布在FB粉絲專頁，並於前一周於在地社團宣傳快閃活動。對年輕人的創業建議，創業這件事情必須先體驗人生，讓經歷幫助自己達成創業目標，建議年輕人不必急著運用手上的資金馬上創業。

Nakama那咖馬行動餐車 | 商業模式圖BMC

 **重要合作**

- 無提及

 **關鍵服務**

- 古巴三明治餐飲服務

價值主張

- 將人生故事融入店面外觀，以特製醃料創造獨特口感，並以柯基作為招牌，吸引顧客上門購買。

顧客關係

- 面對面服務

 **客戶群體**

- 一般顧客

 **核心資源**

- 獨特醃料及來自小店的麵包

 **渠道通路**

- FB粉絲專頁

成本結構

- 營運成本、購料成本

 **收益來源**

餐飲服務收入

Tip：「創業這件事情必須先體驗人生，讓經歷幫助自己達成創業目標。」

Tip：「人生歷練應與店面的元素相輔相成，讓行動餐車更有故事性，並展現自己的風格。」

創業 Q&A

1.生產與作業管理

在市集的選擇上，選擇屬於自己的客群 在地點的選擇上，選擇較爲消費的客群。

2.行銷管理

客戶從網路/路上看見狗老闆，因而好奇賣什麼前來觀看，了解後購買或宣傳，

覺得食物ok值得更多人看見，再被分享朋友群或網路上形成下一個循環 。

3.人力資源管理

人老闆提供點餐，做餐，給餐。 狗老闆很自然的提供邀客人，陪客人，送客人。

4.研究發展管理

接觸更多不一樣的族群與活動 讓更多的市場發現有行動餐車 進而增加更多不一

樣的異業合作。

5.財務管理

主力以銷售食物賺取營業利潤 目前開發其他週邊如 ：毛巾 杯套 目標一年一產品。

董亦揚 Tomas Tung
經理

香料，洋蔥般的多層次體驗-香料共和國（Spice Land）

董亦揚，打破過去本土香料品牌只解決民生需求的盲點，創立「香料共和國（Spice Land）」，將香料需求層次提高至「氛圍」、「儀式感」等體驗，讓消費者享受高品質香料，也享受料理的過程。

實驗性專題，品牌茁壯的基礎

身為「香料共和國（Spice Land）」創辦人、現為產品經理的董亦揚，在一次研究所的創業專題中，同組的同學建議，將父親年輕時候的香料品牌做為專題報告，沒想到這次實驗性性質的創業專題，卻受到市場熱烈好評，於是「香料共和國（Spice Land）」在亦揚與團隊的堅持與創新下，逐漸壯大。董亦揚創立「香料共和國（Spice Land）」，分享當初創立香料共和國，是因為就讀政大資管研究所期間，參加一門創業課程，與同組學員思考專題主題時

，同學建議，不如就以亦揚父親的香料工廠做為專題研發。從小在香料工廠長大的亦揚，對自家產品相當有信心，也想為父親的產業做創與改變。「香料共和國（Spice Land）」品牌便油然而生，沒想到與朋友的實驗性專題報告，半年後竟受市場大力歡迎。

香料點綴是一種體驗、氛圍

「母指料王」是父親年輕時候所建立的品牌，已有二十幾年歷史，品質及風味在業界有良好口碑，銷售模式多以B2B方式，銷售對象多為

食品廠、南北雜貨與餐廳等，包裝多為一公斤和五公斤的業務用大包裝，產品定位較以滿足民生需求為導向。為了找出市場的切入點，發現辛香料在臺灣市場的價格相當極端，來自歐洲進口的辛香料舶來品，價格可比本土品牌高至二到三倍，亦揚與團隊便想，市場的缺口在於，如何將本土品牌用另一角度經營，讓民眾對香料的需求提升至「質感」、「儀式感」，打造飲食的「氛圍感」。亦揚分享觀賞國外料理節目時，料理的過程和處理食材的儀式感是

1. 深入產地確認原料品質 2. 教育訓練強化員工食安觀念 3. 烹煮麻辣乾鍋測試香辛料風味 4. 香料共和國參與圓山神農市集攤位展出 5. 使用頂級玫瑰鹽和柑橘製作調味料

6. 高品質香料給使用者最優質的體驗 7. 香料共和國讓調味料也能成爲送禮選項 8. 香料共和國在色香味各層面都是頂級

他最享受的部分，他想把這份感受注入於香料，香料共和國的核心價值是，透過產品帶給顧客多層次的體驗，像洋蔥般一片片剝開，每層都有不同的風味感受，使用辛香料不只是為菜餚加分，對下廚的人而言也是一個體驗過程，享受點綴的樂趣與料理的氛圍。

不只要做消費者「想要的」，也要做團隊「堅持的」

亦揚回憶起創業初期的困難，大概是還未被大眾認識前，如何推廣與觸及到顧客，是最艱辛的階段，起初認為上架到知名通路是效益最高的曝光方式，曾經一個一個聯絡採購，到了約定地點在樓下大廳枯等了一兩個小時，採購才緩緩下樓，談不到五分鐘即會面結束，後續便無聲無息，但亦揚與團隊並沒有因此放棄，反而更專心在研發與創新產品，在六年前的臺灣消費者尚未有使用研磨罐的習慣，在收集意見調查表時，訪問民眾對於研磨罐的使用感想，大多回是覺得麻煩和不習慣，經過團隊堅持不放棄下，在食安風波後，研磨罐推廣順利打入台灣消費者的日常生活中，民眾開始對食安觀念重視，看得到的內容物，再加上親自研磨，也不須要擔心製造過程，不只做到消費者「想要的」，也做到團隊「堅持的」。過去聯絡的廠商，也在一兩年後紛紛回頭詢問合作，也接收到無數民眾的好評，消費者不只喜歡他們的產品也認同團隊的品牌，消費者的認同與支持，就是團隊最佳動力來源。

經歷與感受不同，造就產業火花

事前調查與顧客滿意度追蹤是兩大重點，事前充分考查，發現市場的缺口、找到對的切入點，同時在實體通路和網路平台販售商品。透過網路平台販售，能在網路和客戶一對一對談，更能透過網路評價，直接看清楚產品盲點，於初期產品優化有很大的幫助。有九成顧客食用香料後，都給予五星好評。香料共和國未來的目標是進入更多有機商店、百貨公司等高端通路，也著手規劃將產品瞄準海外華人市場、港澳、美加等地區。盼將經歷與感受一同分享。

香料共和國｜商業模式圖BMC

 **重要合作**

- 網路平台、實體通路

關鍵服務

- 辛香料產品販售

價值主張

- 辛香料不只是民生必需品，也是料理氛圍中重要的一環體驗。

顧客關係

- B2B、B2C、異業合作

 **客戶群體**

- 任何有料理需求之顧客

 **核心資源**

- 二十年的產品經歷、品牌創新思維

渠道通路

- 實體空間
- 官方網站
- 媒體報導
- Line@

 **成本結構**

- 營運成本、人事成本、設備採購與維護

收益來源

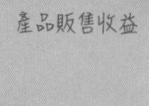 產品販售收益

Tip：香料體驗像洋蔥一樣，層層剝開後，每層都有不同的風味感受。　Tip：不只要做消費者「想要的」，也要做團隊「堅持的」。

創業 Q&A

1.生產與作業管理

進入到如誠品書店、聖德科斯、里仁、無毒的家等高端通路，這意味著品牌價值與產品水準被通路所認同，其他的合作機會也會接踵而來。再確認品牌價值能夠被市場所接受之後，便能確立大方向投入新產品的研發。

2.行銷管理

透過公司官網與社群增加產品曝光，讓通路採購注意到香料共和國的品牌，在產品進入到通路之後，通路會成為我們行銷曝光的另一種管道，透過這樣的循環品牌知名度與業績得以逐步上升。

3.研究發展管理

想擴展到國際型企業，在海外有營業部，目前的商品在美加的市場潛力很大，要突破國內市場的天花版，走向國際是必須要走的一步。

香料共和國

tel: 049-2263458
web: www.spicelandtw.co/
add: 南投市成功路三段 178 號

Chapter 5

Chapter 5 目錄

228

236

TAIPEI

Kook Living

·COOK YOUR LIFE·

216

232

PHOTOGRAPHY

LEEBEAR

俐蓓爾

220

KOOK Living
-TAIPEI-
·COOK YOUR LIFE·
Kook Living

曾科融 Koko Tseng
事業開發總監

一圓你的夢想家園!共享廚房-KOOK Living

曾科融，KOOK Living事業開發總監。先前從事趨勢研究的曾科融，在與同事的閒聊中意外發現消費者對烹飪空間的需求，當下她靈光一閃：「不如來做個共享空間？」這便是KOOK Living的創業雛形。KOOK Living，主要提供廚房的場地租借服務，於該場域消費者能夠自由使用廚具設備、食材，滿足嚮往料理天地族群的夢想。

我服務過的產品都去哪了？

創業前的曾科融是一位趨勢觀察員，她的工作是透過與訪談先驅消費者，並整理出未來5-10年的消費趨勢，為客戶預判未來情況，並協助他們開發商業模式、產品及服務。然而，提交給顧客的研究成果、協助客戶開發產品的工作，距離產品上線還有很大一段路，難以短期內得知產品未來的發展或走向。這不免讓她有一絲遺憾。對曾科融來說，每個研究成果都是她為了成就更好的產品及服務。不論產出的結果是好是壞，她都想親眼見證，可惜的是身為研究人員的她，並無法得到更多資訊。「如果有一天，我也可以擁有自己的產品就好了。」她開始產生這樣的想法

滿足擁有廚房的渴望，從共享出發

一日稀鬆平常的午後，曾科融與同事們聚在一起閒聊，其中一位從中部上來台北工作的同事突然嘆道：「唉，好想有自己的廚房喔！」北漂的她長期在外地租房，即使對料理相當有興趣，但礙於沒有場地，她沒有辦法盡情發揮所愛。一聽及此，在旁的曾科融立即聯想到當時的研究主題—飲食。曾科融所屬的研究團隊發現「不要外食」在現今這個社會是相對困難的選項。原因之一，是許多租屋處並沒有提供廚房，即便有提供烹飪空間，附屬設備也非常陽春。曾科融回過神來，在接下來的對話中，其他同事們一來一往地紛紛對於北漂同事想法的表示贊同，曾科融發現人們對料理場地的需求

1. 聚會社交首選場地 2. 除了聚會服務，更開發擺盤體驗課 3. 共煮聖誕派對，讓同事像家人一樣 4. 城市裡的一間藝術廚房- 一間The Room 5. 開放式廚房，邊煮邊聊邊上菜

6. 從2人約會到50人派對，皆有適合的空間 7. 不只適合共煮，亦適合私廚宴客

並未滿足，也是於此時她瞥見共享廚房商機，曾科融心想：「如果有一個廚房可以提供需要的人使用，那不是超棒的嗎？」既然市面上並沒有類似的服務，那自己是不是可以打造一個這樣的空間出來？正對整日埋頭研究的生活日漸疲乏的曾科融，被內心想法燃起久違的熱情。過了幾天後，共享廚房的概念仍盤踞在她心頭，確認這是值得開發的商業模式後，曾科融作出以下幾個決定：離職-踏出舒適圈、創業-滿足她看見的市場缺口、圓夢-實際參與品牌的誕生。

多功能設備場域，直擊人心的服務

KOOK Living主要服務項目是，為大眾提供可以安心下廚的空間，除了硬體設備一應俱全，比起其他空間，KOOK Living額外增設許多以人為出發的體驗項目，比如：場地租借攝影、客製化菜單、課程規劃、社交活動等…與一般單純場地租借有很大的不同，因為曾科融想做的不只是「租借廚房」，而是想透過租借廚房達到「人際互動」的功能。因此，KOOK Living 的產品定位很清楚，以集體、共享的模組來實際促進人與人之間的交流。創業初期，曾科融對如何讓消費者理解KOOK Living的空間價值花了一番心思。早期許多顧客曾誤把KOOK Living當作一間漂亮的餐廳，又或是對曾科融提出的共享空間毫無概念，更別說是興趣，為

此接踵而來的溝通障礙著實讓她吃了悶虧，所幸擁有時值7年的市場背景，曾科融早已練就一身藉由消費者回饋歸納企業方向的能力。與以往不同的是，曾科融知道這次的研究成果將不再不知去向，因為現在她即是品牌擁有者，這次的她總算能親自守護自己的孩子。

輕擴張，輔導業者投入共享廚房

目前除了自營的西門站《KOOK Living》，亦是行天宮站《一間The room》、忠孝新生站《信二家廚》、中山站《享家餚》的共享廚房顧問。她樂於看見更多業者加入共享廚房「商業，是為了更美好的未來而存在，讓人們可以用每次的消費，創造自己想要的未來。」

KOOK Living｜商業模式圖BMC

 **重要合作**

- 食材供應商
- 共享廚房夥伴

 關鍵服務

- 下廚聚會
- 客製聚會規劃
- 廚房場地租借
- 拍攝場地租借

 **價值主張**

打造家一般的溫暖空間，滿足烹飪需求同時，刺激人際互動。

顧客關係

- 雙邊互動
  重視回饋

 **客戶群體**

- 料理愛好者
- 社會人士
  網紅/社群經營者
  攝影團隊
  行銷公關公司

核心資源

- 研發人力
- 廚具設備
- 小幫手人力
- 清潔人力

渠道通路

- 實體據點
- 社群平台
- 官方網站

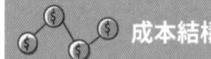 **成本結構**

- 營運成本食材費用、人事成本、行銷支出

收益來源

場地租借、
食材費、
活動費

Tip: 看準未來市場，開發迎合趨勢需求產品。　**Tip:** 檢視自身資源，善加利用。

創業 Q&A

1.行銷管理

將「適合的服務」，提供給「對的人」。讓「對的人」推荐給「身邊的人」。是KOOK Living共享廚房在行銷推廣的核心精神。第一段的重點在於，讓在找私密場地、廚房場地、包場聚會的人，透過關鍵字，能夠在google 搜尋第一頁找到我們。並設計不同詞組的關鍵字，讓不同族群搜尋而來。第二段在於，場地服務、打卡設計、口碑行銷。

2.研究發展管理

KOOK Living主要服務項目是，爲大衆提供可以安心下廚的空間，除了硬體設備一應俱全，比起其他空間，額外增設許多以人爲出發的體驗項目，比如：場地租借攝影、客製化菜單、課程規劃、社交活動等…與一般單純場地租借有很大的不同，因爲曾科融想做的不只是「租借廚房」，而是想透過租借廚房達到「人際互動」的功能。因此，KOOK Living的產品定位很清楚，以集體、共享的模組來實際促進人與人之間的交流。

價值促進協會
動物力量
APower

彭偉龍 Ark Peng
理事長

你帶給牠存在的價值，牠用一生教會你生命的眞理 —APower動物力量價值促進協會

彭偉龍（以下稱Ark，取自聖經挪亞方舟故事，記載上帝對人類與動物的救贖計畫），APower動物力量價值促進協會理事長。致力於動物保護，秉持著為流浪動物盡一份心力的初衷，希望賦權動物的價值，並以弱勢族群進行動物訓練暨照護職能的方式創造牠們再次被領養及成為工作犬的可能，盼能「用生命影響生命」，藉此剷除社會大眾對於弱勢族群及流浪動物的負面標籤。

投身喜愛事業，與流浪狗一起「重生」

你聽過「監獄犬實驗」嗎？早在二十多年前便始於美國，2006年更在動物星球頻道定期撥出影集，該計畫係由公益組織或動保團體提供收容的流浪狗、並供應糧食，監獄則負責篩選合適的受刑人，一般會選用刑期在5年以上的重刑犯，兩者都是瀕臨末路的「囚者」，在監獄建立起的互動與連結給予受刑人心理慰藉，受刑人一改以往的暴戾之氣，監獄原本肅殺的氛圍也轉為平和，訓練可為受刑人培養一技之長

，培養愛護動物、珍惜生命的觀念，而狗透過訓練可晉升為導盲犬或陪伴犬，也可提供民眾認養，這項計畫不僅效果顯著，不論是對於人或狗而言都是一次重生的機會，讓不少人感動，為流浪動物、受刑人及社會觀感創造出「三贏」。Ark說：「曾經，也覺得自己是個loser」，他曾是個卡奴，歷經十年才還清卡債，想到自己曾經負債的標籤不禁覺得自己的境遇就如同受刑人一樣，等待重生」的機會。正好新竹

監獄引進監獄犬實驗，Ark決定禱告尋求，優化實驗、投身動物保護事業，並創立了「APower 動物力量價值促進協會」。

狗是人類最好的生命導師，訓練牠們同時也自我成長

「APower」有Animal Power的含意，希望可以為台灣的流浪動物盡一份心力，並形成一股動物的力量。Ark說：「唯有教育與訓練可以有翻身的機會。」他主張以動物訓練暨照護的

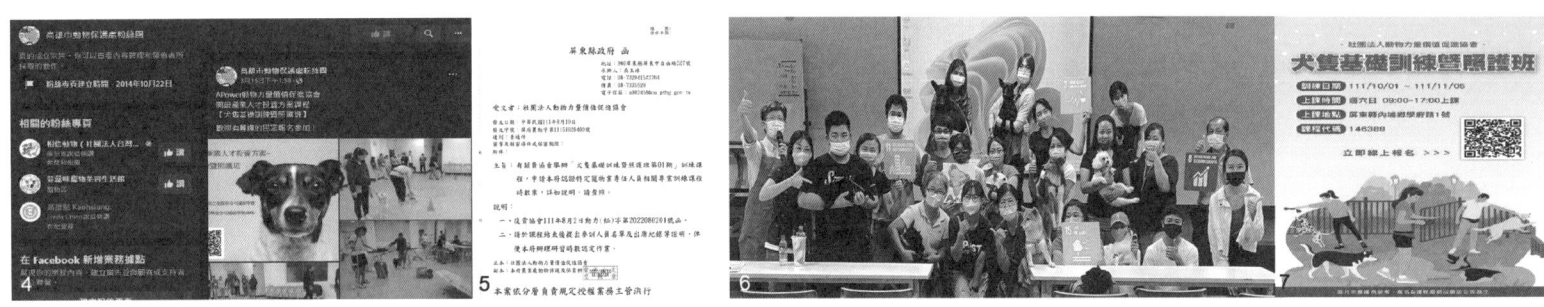

1. 參加樹林秀泰百貨公益市集擺攤　2. 舉辦動物福利講座與主講人新北市動物保護防疫處楊處長合影　3. 參加點燃之心社會創新競賽得獎　4. 高雄動物收容所協助推廣產投課程「犬之基礎訓練暨照護班」

5. 產投課程「犬之基礎訓練暨照護班」獲得屏東縣政府特定寵物業專任人員訓練時數折抵公文　6. 產投課程「犬之基礎訓練暨照護班」開訓合影　7. 產投課程「犬之基礎訓練暨照護班」招生DM

方式創造牠們再次被領養的價值，但不僅是流浪動物，一般家庭的寵物也是需要適當訓練，現代養寵物的人口龐大，大部分飼主對於寵物過於溺愛，忽略教育寵物的重要性，但寵物不僅是玩伴、也會是人類得力的夥伴或朋友，雖然牠們不會說話，但透過訓練可以晉升為工作犬、狗醫生、導盲犬、學習輔助犬等，給予人類偌大的幫助；動物訓練暨照護是一門相當專業的學問，不僅是給予零食、下達指令如此簡單而已，而是需要一而再、再而三不斷地反覆練習，透過系統性、串連性的建構課程。「現在狗的平均年齡大約12到15歲，飼主終會參與到牠的生老病死，牠的一生其實就是人類最好

的生命導師。」飼養寵物不單只是餵食飼料、帶出門散步僅此而已，不論相處再久、牠都仍保會有動物的本性，飼主應該多去了解寵物的性格、生命特徵與身心靈狀況，就跟與人類相處一樣，在訓練上都需要適才而教，人類與動物的關係是互動愈多、交流愈深的，給予的反饋都是最純粹、最治癒人心，也學到如何尊重對待一個生命，並體悟到待人處事的道理。

堅持的道路上、孤獨在所難免

起初，很擔憂計畫的可行性，也不夠有自信，透過參加創業競賽，希望得到認同，「創業這條路，必須忍受孤獨、堅持理念，就像唐三藏西天取經，一開始是獨自一人，之後才會夥伴

加入。」競賽過程中發現到動物訓練暨照護確實有它的需求市場，因台灣寵物經濟產值規模已達500億以上，配合政府最新動物福利白皮書策略，朝專業及多元工作犬項目，能擴大能見度，讓領養模式及送養管道，有效接軌聯合國永續發展目標SDGs，走在正確的道路上。

用生命影響生命，盡力完成每件事

「用生命影響生命」一直是APower的核心理念，奠定良好的基礎以永續經營，並站穩市場、成為動物訓練暨照護領域裡的鑽石品牌。他曾四大會計師事務所擔任顧問，擅於企業診斷，建立完整的商業模式和了解金流去向，他認為在職場上非單打獨鬥，唯有合作力量大。

動物力量價值促進協會｜商業模式圖BMC

重要合作
- 公立收容所
- igiving公益網
- 國立屏東科技大學
- 致理科技大學進修教育處
- 新北市社企電商基地
- 財團法人愛盲基金會
- 經濟部中小企業處社會創新平台
- 美國IACPT國際專業培訓資格認證委員會

關鍵服務
- 工作媒合
- 開發周邊商品
- 連結國際組織
- 成果展暨送養會
- 整合跨領域資源
- 倡議動物福利政策
- 培養動物產業人才
- 舉辦座談及研討會議
- 動物訓練暨照護職能課程

價值主張
- 建立系統化動物訓練暨照護職能導向課程，並符合國內、外課程品質認證，讓學員結訓後能立即投入全球寵物經濟人力市場，並藉由訓練流浪動物之社會參與，提升經驗，流浪動物更容易被領養或成為工作犬，達到三贏目的。

顧客關係
- 增進寵物關係
- 培養第二專長
- 參與社會倡議
- 配合政策發展
- 接軌聯合國永續發展
- 目標SDGs

客戶群體
- 出國留學生
- 欲轉職的勞工
- 寵物照顧服務
- 大學畢業新鮮人
- 欲飼養動物的飼主
- 動物輔助治療組織
- 政府失業勞工職前訓練
- 政府產業人才投資方案在職訓練

核心資源

- 群眾募資
- 專業志工參與
- 政府資源補助
- 寵物產業組織教育訓練
- 時數折低(特寵專任人員訓練、公務人員終身學習、環境教育終身學習、非正規教育課程認證)

渠道通路

- 官方網站
- 社群媒體(Facebook、IG、Line@官方帳號)座談、研討會議、媒體報導、合作夥伴網站

成本結構

- 營運成本、行銷成本、活動成本、人事成本

收益來源
多元課程收入(政府補助、企業贊助、個人進修)、產品售出收益、捐贈所得、自媒體營利

創業 Q&A

1.生產與作業管理

109年通過勞動部勞動力發展署TTQS人才發展管理系統評核，111年成功辦理勞動部勞動力發展署高屏澎東分署產業人才投資計畫「犬隻基礎訓練暨照護班第01期」研提課程。同年繼續通過勞動部勞動力發展署TTQS人才發展管理系統評核續評作業。該課稱程並獲得特寵專任人員訓練、公務人員終身學習、環境教育終身學習時數折抵及非正規教育課程2學分認證。

2.行銷管理

製作宣傳短影音、EDM，並透過與課程相關單位(如師資、場地、政府職訓網站、動物學習社團、LINE群組、公立收容所)共同張貼。

3.人力資源管理

我們習慣與學校進行產學合作，憑藉學校既有課程設計經驗，並參考勞動部iCAP職能課程認證標章及「人才發展品質管理系統」(Talent Quality-management System，簡稱TTQS)，建構系統性職能導向課程，有效降低學用落差並符合公、私部門專業認證。

4.研究發展管理

我們所開發的都是職能導向課程，訓練設計都是經過專家訪談及符合認證標準，讓參與課程的學員結業後都能在短時間投入就業市場，所有教材、教具、表單都是智慧財產的集合。

動物力量價值促進協會

tel: 02-2689-0170

web: www.apower.info/

典育管理人力顧問

蕭裕員 Bruce Xiao
執行長

創造勞雇平衡的職場環境，求職者的最佳跳板！
—典育人力管理顧問

蕭裕員，典育人力管理顧問的執行長。本科系出身的他，因故毅然決然離鄉背井到雲林創業，他相中人力派遣這片藍海市場，成立了雲林第一間人力派遣公司，並規劃勞基法顧問領域提供實務運用的服務，打穩基石、盼能替成為獵才公司鋪路。

為賭一口氣、離鄉背井開啟創業之旅

出身於勞工關係學系的蕭裕員，一畢業便任職於人力派遣公司，累積多年的人力派遣的相關產業經驗後，卻逐漸發現自己與老闆的理念不合，也許是一時衝動、抑或是想賭一口氣，蕭裕員毅然決然從台北南下到雲林創業，儘管當時大多人認為雲林屬於農業城市不需要有派遣公司的進駐，但蕭裕員反倒認為並沒有任何城市可以被單純定位為特定產業類別的城市，雲林只是以出產農產品著名，而派遣公司都是跟著當地產業連動的，在雲林的派遣工作就會以

傳統產業居多，他認為此次創業是藍海策略，一方面也是相中人力派遣這項逐漸蓬勃發展的新興產業，他創立了「典育人力管理顧問」。不同於政府的就業服務站業務量廣泛，只能由求職者主動上前求助，派遣公司的服務更細緻化且會主動致電詢問，還有每間公司的工作說明書、工作環境介紹、休假制度、公開透明的起薪價格、自付勞健保費用、餐費津貼等等詳盡的資訊，「不只是替企業篩選員工，同時也幫求職者篩選好工作。」蕭裕員說道，他坦言

，派遣的工作其實不需要高技術性或耗費腦力，業主更著重於求職者的出缺勤狀況、人格特質、工作態度、溝通是否良好等等的印象分數，大幅提升求職者的錄取率。

求職者的墊腳石、企業主最佳顧問

派遣公司的服務內容與一般普通的貨物交易買賣大相逕庭；對派遣公司而言，「派遣人員所付出的勞動力」就是主要的商品，派遣公司買下派遣員的時間與其提供之勞動力，而派遣員透過付出勞動力來獲得相對的報酬，

勞資雙方合作是否適合、服務的好壞標準端看業主的滿意度。「請人進公司容易，請人離開很困難。」蕭裕員說道，除了必須符合法律規定以外，還需跟就業服務站報備、給付資遣費、預告工資、清算特休假、員工不勝任證明等總總的因素都相當耗費時間，而派遣公司能幫助業主大量聘人，且無需擔心負擔大量的資遣費用；雖然收益來自於企業主，還是要顧及派遣員，對於派遣員而言，派遣公司可說是求職的墊腳石，能協助勞務提供者爭取勞資的和諧，資方是否供餐、資方是否合乎勞基法規定、休息時間是否要明確定義等等，這些繁縟的條件都是勞方在工作前不會特別注意到的細節，

除了教導勞方應有的勞資相關知識，也替勞方在擬定合約溝通時爭取應有的權利，幫他們照顧到這方面；「勞方要得到相對的權益，業主才能要求他們付出等價的勞動力」一直是典育堅持的理念，彷彿是勞方暫時性的保母或經紀人，像是企業主與求職者之間媒合的橋樑。

不看好的眼光，用剛強事業心突破

蕭裕員憶及創業初期，當時中南部的派遣文化尚未盛行，大眾對於派遣的認知尚未有概念，且大多中小企業也不認為有委託派遣公司的需求，導致第一年幾乎沒有任何客戶上門，原本對於自己規劃胸有成竹的蕭裕員很是挫折，始料未及的挫折、背道而馳的結果瞬間讓他腦袋

一片空白，他一天就打了上百通電話、每個機會都不放過，整個城市幾乎都知道在雲林有這麼一間派遣公司。蕭裕員不諱言，從小就是個叛逆又堅持己見的孩子，儘管父母並不看好他放棄一切到雲林創業，也攔不住他求好心切加上對事業強大的自尊心，蕭裕員在家人面前總是隻字不提工作，家人也從原本的反對轉變成默默支持、背地裡關心。

不要後悔，打好基石、走向願景

規劃往「勞基法顧問」及「人資部門的外包」兩個領域發展，以五大工作面向－選、訓、用、留、展，拓寬派遣服務，掌握公司人事制度的建議權，將企業推向「獵才公司」為最終。

典育人力管理顧問｜商業模式圖BMC

重要合作
- 104人力銀行
- 518熊班
- Create創造集團
- 派遣人員

關鍵服務
- 長期/短期派遣
- 勞資雙方法律諮詢
- 企業代招
- 人員轉掛

價值主張
雲林縣第一間成立本勞派遣公司據點，別於政府機關介紹工作，公司處於積極主動安排、主動介紹、主動接洽。求職者可以透過公司快速找到理想工作，企業透過公司找到適當人才。

顧客關係
- 共同協助
- 異業合作

客戶群體
- 企業
- 工廠
- 勞工
- 求職者

核心資源
- 勞資專業顧問
- 管理相關諮詢
- 長短期人力服務
- 勞動法律諮詢
- 專案管理高階獵才
- 公司轉掛服務

渠道通路
- 官方網站
- Facebook
- 人力銀行

成本結構
- 人事成本

收益來源
服務費用

富屋法拍屋

黃建融 Jack Huang
創辦人

領略不動產煉金術，標購法拍屋的強大靠山！—富屋法拍屋

黃建融所長，富屋法拍屋的創辦人。年紀輕輕便立志從事房地產業，他看中法拍市場潛在的投資力，憑著一股熱忱勇闖法拍屋產業，歷經磨練團隊逐漸深耕與實務經驗精粹；如今已出版上百本專業教育訓練叢書，並與破百間加盟店一同持續精進，已然成為法拍屋的業界龍頭。

掀開面紗，法拍屋標購不再深不可測

法拍屋投資一直被認為是個神秘且艱深複雜的領域，確實原本多為專業投資客操作，也加深多數民眾對於法拍屋有著難以親近、玩不起等的刻板印象；但隨著近年來房價持續高漲，選擇轉往法拍屋市場的目光與資金愈來愈多，許多自住客或業餘的投資客逐漸選擇到法拍市場尋找較便宜的物件。搶房熱潮也蔓延到了法拍屋市場，成交率及平均投標人數等的指標更是屢創新高；其中尤以台中為熱度之最、搶標最

熱絡的城市，由此可見標購法拍屋已逐漸成為投資的熱門選項。富屋法拍屋的創辦人黃建融所長，原生家中經營旅館業，富屋體系的旅館多達八家；藉由旅館從業選址與評估之中，黃所長從小對於不動產及土地買賣有著濃厚的興趣，他常常思考：市場上的市售屋價格普遍偏高，如何找到相對低價的房屋呢？於是便在因緣際會下接觸法拍屋，儘管當時黃所長對於這個領域還懵懵懂懂，但他看中法拍市場的前瞻

性及投資潛力，憑著一股執拗及熱情決定投入法拍市場的相關產業。

讓善延續是基本、光明正氣為理念

黃所長創業的意志堅定，他自己設計了最初品牌logo並寫下寓意深長的一段話：「旭日源源不熄，邁向富貴之門」以此當作富屋法拍屋的理念文化。「我這輩子注定要做房地產！」黃所長心想、他深信，法拍房產業就是他一輩子的志願及使命了！世界著名實業家及哲學家、

1. 富屋法拍屋吉祥物 2. 富屋法拍屋創辦人黃建融，接受工商時報專訪 3. 富屋法拍屋創辦人黃建融，出版《一夕致富- 法拍屋·金拍屋·銀拍屋》二十多本專業的教育訓練系列叢書

4. 富屋法拍屋法拍第一品牌，榮獲國家品質保證金像獎 5. 富屋法拍屋CIS企業識別設計 6. 富屋法拍屋立足台灣反轉世界分布圖 7. 富屋法拍屋品牌代言人「呂文婉」，教您輕鬆打造被動收入

也是黃所長心中楷模的企業家-稻盛和夫一曾在書中寫到：「我現在所做的經營是『以心為本』的經營」。稻盛和夫的理念深深影響著黃所長，「對於事業再熱情、為人個性再好，如果想法錯誤也沒用」尤其從事房地產買賣，客戶手上的錢可能就是大半輩子的存款，客戶委託的不僅是努力的結晶更是他們未來的開端，用善良及負責的心對待是最基本且最首要的。「正派經營、誠信服務、光明正氣、專業負責、永續經營」是富屋的經營理念，並以「精神、文化、傳承」為三大原則、「專業、誠信、負責、服務、熱忱」為五大信念，目標整合法拍市場的各項資源朝企業化、制度化發展，

「不光是賺錢，還要合法經營」，因此他特地建請內政部整合完善的系統，希望讓後輩或民眾有一套制度可以遵循，藉此提升法拍屋的交易安全、進而消弭無謂的糾紛，且有效促進法拍交易零風險、零紛爭的目標，希望可以瓦解大眾對於法拍屋的刻板印象。

豐富產業經驗造就專業品質保證

每日穿梭在各地法院投標是黃所長的工作日常，遇過成千上萬種法拍屋交易糾紛，「人空屋空、人空屋不空，人不空屋空、人不空屋不空」這是投入產業三十餘年來的經驗累積，讓他信手拈來就熟稔地唸出一段口訣。法拍屋的進價成本不高、但買賣過程中存在許多問題及風

險，與一般的預售屋買賣或市售房屋仲介的性質是截然不同的；所以更需要富屋如此專業且誠信的業者，在有第三方專業見證及完善的過濾制度幫客戶審核把關，秉持著不炒房、不賣高的堅持，替客戶代標、代點交、打理好所有買賣的瑣事，客戶只需確認物件需求與準備好預算，不需擔心潛在風險，讓法拍屋易入手。

邁向世界性成爲法拍屋龍頭品牌

出版《一夕致富- 法拍屋·金拍屋·銀拍屋》二十多本專業的教育訓練系列叢書、核心企業理念及十四首法拍歌曲創作，考取地政士與不動產經紀人的國家考試，隨全台的加盟店夥伴延伸至全球各地，成為跨國企業法拍龍頭。

富屋法拍屋 │商業模式圖BMC

重要合作
- 加盟店
- 邀請資深媒體人「呂文婉」為品牌大使及代言人

關鍵服務
- 法拍屋資訊提供
- 拍賣不動產節稅
- 不動產強制執行
- 法拍屋撤封轉貸
- 辦理銀行貸款
- 法拍屋代理標購
- 法拍屋代理點交
- 拍賣案件過戶
- 各項拍賣法律諮詢
- 專業講習課程與諮詢服務

價值主張
- 富屋立足台灣已三十餘年，以「精神、文化、傳承」三大原則及「專業、誠信、負責、服務、熱忱」的五大信念為最高經營理念，以其專業服務品質，提升法拍不動產交易安全，有效促進法拍交易零風險、零糾紛之目標。

顧客關係
- 共同協助
- 代理關係

客戶群體
- 自用購屋需求者
- 不動產投資者

核心資源
- 代書(地政士)與不動產經紀人雙證照
- 專業書籍出版經驗
- 三十年餘業界實務經驗

渠道通路
- 官方網站
- Facebook
- Line@
- 媒體報導
- 系列叢書出版

成本結構
- 人事成本、行銷成本、課程活動成本

收益來源
服務費用、加盟費用、課程活動費用

 創業 Q&A

1.生產與作業管理

目標的確立極其重要：在哪個時間點要完成什麼事情，都需要清楚明確；沒有目標的船，無法調整風帆。故確立目標是最重要的開始，後續才有辦法執行。

2.行銷管理

FB做投放廣告精準的應對客群、GOOGLE關鍵字排行等等，使有需求的客戶可以更容易接洽到富屋。

3.人力資源管理

明確分工，但必要時可適度互相支援，從上有幕僚制定目標與執行方向、確保事務計畫有明確進度；開枝部門則各司其職尊中彼此專業但也可以適度協助以利避開淺在盲區。

4.研究發展管理

以公司名義參加民間社團、公益活動、善舉協力相關活動曝光公司時也增加正面形象，如BNI、四大商會等等。

5.財務管理

以投資屬性而言，具有高利潤的案源量非絕對大宗；而一般代標服務的案件需求，則相當看累積口碑與人脈，若擔心獨自創業過於吃力，建議以加盟信賴的品牌以此獲得技術支援。

俐蓓爾攝影工作室

PHOTOGRAPHY

Art Lee
總監

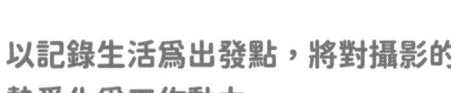

主攻孕婦寫真，以高品質攝影技術和一條龍服務打響品牌—俐蓓爾攝影工作室

李總監，俐蓓爾攝影工作室經理。因熱愛攝影而成立俐蓓爾攝影工作室，主打孕婦寫真，致力於提供一條龍的婚慶服務，讓客戶沒有時間壓力地完成人生大事，未來希望走出海外，推動讓「台灣人到國外」及「讓外國人到台灣」的婚紗攝影服務，促成另類的文化交流。

以記錄生活為出發點，將對攝影的熱愛化為工作動力

喜愛攝影的李總監，大學時期熱衷於帶著單眼相機，到處記錄生活，李總監認為將自己熱愛的事情當作工作較能夠長久持續，也更能在工作上激發想法和創意，因此畢業後他志在成為攝影師，與朋友一起籌措經費，成立俐蓓爾攝影工作室。

高品質技術和一條龍服務定位品牌

俐蓓爾攝影工作室主打孕婦寫真，李總監提到投入孕婦寫真領域的原因，主要因創業時婚紗攝影產業競爭激烈，讓他開始思考「哪些時候是一個人人生中最重要的時刻」的問題，後經大學學長和學姊的建議和鼓勵，透過母校的人脈開始拓展孕婦寫真業務。李總監也分享，除了寫真拍攝工作外，俐蓓爾攝影工作室亦提供彩妝造型、服裝、場地的一條龍服務，受到客戶的廣大迴響，對李總監來說，婚宴的花費昂貴且準備期繁瑣，俐蓓爾攝影工作室希望打造兩個月後才能挑照片，李總監認為此種作法會造成客戶時間上的負擔，故俐蓓爾攝影工作室主打客戶只要拍攝當天到場即可，事前溝通和事後服務皆採用雲端方式進行。

1. 俐蓓爾攝影工作室提供各式西裝拍攝 2. 俐蓓爾攝影工作室攝影拍攝空間 3. 俐蓓爾攝影工作室選片區 4. 俐蓓爾攝影工作室梳化更衣間

5. & 6. 孕婦婚紗攝影照 7. 新人婚紗攝影 8. 孕婦婚紗攝影照

不畏挫折，透過攝影捕捉每份人生重要時刻的感動

對李總監來說，創業初期被客戶接受是相對困難的。他提到，初期服務客戶時，常出現雙方美感認知不同的情況，使他感到十分挫折，作品亦曾被客戶批評得一毛不值，讓李總監產生不被市場所認同的想法，但經過他的努力，不斷精進和學習，讓客戶反過來喜歡上工作室的成品，而不是由攝影師去追求客戶想要的樣貌。在創業路上，李總監亦碰到許多令他感動的時刻。他分享，當他看到那些記錄人生重要時刻的客戶，微笑討論挑選哪張照片的樣子，那種參與到客戶的人生重要時刻的感覺令他感觸

走出台灣，台灣的美為外國人所見

對於俐蓓爾攝影工作室的短中長期計畫，李總監希望將業務拓展到海外市場，如東南亞和新興歐洲，主因是台灣的婚紗攝影產業已成熟，因此海外相對有更多機會，他也提到，未來有機會推出讓台灣人到海外、或是讓外國人到台灣拍攝婚紗的服務，除了促成文化交流，也能讓外國人看見台灣的美。針對欲在攝影領域創業的年輕人，李總監談到，當前時代變遷快速，自主學習是非常重要的一環，攝影師不僅需在前端拍攝，後端修片和剪輯也應熟練，透過通盤了解影像從零到有的建置過程，攝影師才能清楚知道自己的拍攝目標和客戶需求，成功完成一件件的作品。

俐蓓爾攝影工作室 │商業模式圖BMC

 **重要合作**

- 無提及

 **關鍵服務**

- 一條龍婚慶服務

價值主張

- 主打孕婦寫真，並打造一條龍的婚慶服務，避免造成客戶時間上的負擔，亦讓客戶有更多時間陪伴家人和專注工作。

顧客關係

- 接案後服務

 **客戶群體**

- 有婚紗攝影需求之客戶

 **核心資源**

- 攝影師
- 一條龍服務

 **渠道通路**

- 實體店面

成本結構

- 營運成本、人事成本

收益來源

服務收入

Tip：「打造一條龍的婚慶服務，讓客戶有更多時間陪伴家人和專注工作。」　Tip：「當前時代變遷快速，自主學習是非常重要的一環。」

創業 Q&A

1.生產與作業管理

首創一站式整合服務，從服裝、攝影棚、廠景、佈置 、彩妝造型、燈光設計、攝錄影服務，斜槓眾多產業藉由團隊人員的努力，快速溝通降低客戶在準備上的繁瑣統一窗口快速溝通省時省力,抓準快速的現代化社會趨勢 讓我們在競爭激烈的大環境中脫穎而出。

2.行銷管理

預計朝向新媒體與短影音發展，並且培養自己的主播與頻道，藉由短影音分享婚慶業這行的酸甜苦辣 將會針對海外旅客進行廣告線上投放。

3.人力資源管理

短期內需要新增一位社群小編，去執行短影音的頻道規劃，並且藉由分享攝影棚架設、活動規劃等流程，讓消費者能更瞭解我們的服務。

4.研究發展管理

短期一年內將投入千萬建置全新場地，更能讓我們的創意大肆揮灑，結合婚慶業數十年經驗，一站式提供消費者快速且滿意的體驗，預計拓編南北分店與台中旗艦店 並且將團隊人員擴展到15位左右。

俐蓓爾攝影工作室

tel: 04-2473-5219
web: www.leebearstudio.com/
fb: www.facebook.com/leebearLBR/
add: 台中市南屯區大墩二街219號

鄭閔亦 Jessie Cheng
創辦人

家鄉味的啟發，打造菲式烤雞一解鄉愁！—安得祿烤雞

鄭閔亦，安得祿烤雞的創辦人。因在菲律賓品嘗到在地烤雞的美味，因而在台創辦菲式烤雞店，透過外籍朋友將菲式味道在台延續，不僅讓外籍朋友透過家鄉菜一解鄉愁，更在桃園一舉爆紅，鄭閔亦更計畫未來設立中央廚房，以直營方式，將好味道與經營初衷傳承下去。

玩宿霧被巷口烤雞「驚艷」、萌生創業想法

談起創業賣菲式烤雞的原因，鄭閔亦回想，「其實是因為去菲律賓宿霧玩，發現每間雜貨店都有賣烤雞，香味真的太香，忍不住買來品嘗，結果好吃得驚為天人。」手中的烤雞看似不起眼，但究極的美味卻讓鄭閔亦忍不住仔細端詳研究，她發現菲式烤雞料理方式相當天然，雞肉也特別鮮嫩，口中菲式烤雞的餘香讓人嘗過一次就念念不忘。回到台灣後，當時正巧新冠肺炎疫情侵台，原先從事進口貿易業的鄭閔亦工作被疫情嚴重影響、面臨巨變，她想起那趟旅程中讓人難以忘懷的菲式烤雞，腦中便萌生創業想法，而身邊剛好有菲律賓外配的朋友，爽快答應教學製作烤雞料理，就這樣，創業的想法在鄭閔亦心中日益茁壯，自此開啟菲式烤雞之路。

家鄉味當核心理念，用烤雞解外籍朋友的鄉愁

夫妻倆在創業前也曾一番討論，鄭閔亦就問了先生：「如果你因為工作因素，需待在美國好幾個月，每天吃漢堡、薯條、披薩，發現有個車要三小時的地方在賣滷肉飯，你會去買嗎？」先生不假思索地回答到：「會，一定會！」簡單的回應，更加深了兩人創業動機。探究原因，「家鄉味」始終是離鄉背井的人，心底最柔軟的那一塊，異國美食再好吃新奇，依舊不敵心心念念的家鄉佳餚，鄉愁透過滿足味蕾而紓解，若套用在自己身上，開車三小時都願

1. 社會責任和公益活動，參與桃園市政府就護車捐贈活動　2. 大伙一同慶生的歡樂聚會　3. 全台最大菲律賓自行車隊聚會，全台的車友大會師，當日出席56人

4. 菲律賓人的生日宴，我們也可以客製化服務　　5. 爆量的訂單，早上4點就要開始烤雞囉！6. 改良的道地菲式烤雞，色、香、味俱全，滿足五感的享受盛宴

7. Lechon Belly菲律賓人生日壽宴上必備大菜，烤製需要2.5小時，在安得祿烤雞也能享用

意，轉念一想，桃園是全台菲律賓人士第二大的城市，在這開一間菲式烤雞店，不也讓外籍朋友一解鄉愁嗎？有了這樣的想法，先生更支持鄭閔亦創業，而家鄉味的初衷，也成了安得祿的核心理念，一路堅持至今。

堅持新鮮現宰溫體雞，菲式好味道

要堅持好味道、食材本身就要夠新鮮，鄭閔亦堅持選用台灣大廠牌的雞隻，每天新鮮現宰的溫體雞低溫配送到店，而為避免排煙問題，烤雞使用的鐵製機器不僅研發時間久、鐵件成本也高，夫妻倆與鐵工師傅更是來回溝通無數次、耗時一年多才打造而成。有了硬體設備後，火烤的每個步驟也建立標準流程，「我先生是數理老師，對於每一個步驟細節他都想要量化，所以我們在時間、溫度都要精準，算好瓦斯壓力、控制火候大小，使用高科技溫度雷射槍，讓溫度絲毫不差。」鄭閔亦強調，最多每天需要烤上百隻雞，但每個步驟都還是由夫妻兩人執行，不論是食材的嚴選、或是機器設備上的考究絲毫都不馬虎，而這樣的堅持，成就了口感上的豐滿，讓安得祿一開業生意便絡繹不絕，外籍朋友一個個成了在地老饕，於通訊群組內一傳十、十傳百，讓鄭閔亦的店在不過多宣傳行銷的情況下，快速紅遍桃園。「外籍朋友的用餐氣氛都很歡樂，結帳時臉上也掛著開心的笑容、稱讚很好吃，跟在家鄉吃到的味道一樣。」鄭閔亦笑說，顧客的反饋讓夫妻倆再乘勝追擊成立了第二間分店，兩人僅成立粉絲專頁、並印製了一疊宣傳單，沒想到只是簡單的宣傳竟為安得祿帶來爆滿的訂單，每天從早到晚馬不停蹄地應付顧客的預約，雖然累、但受到的肯定讓夫妻倆感動不已。

秉持理念初衷，婉拒千萬金主加盟

婉拒千萬加盟金，只因要對得起自己的品牌！未來採直營模式進行，想加入直營的夥伴，得先通過考驗，含線上實習兩到三個月，了解開店所有流程，學習產品精隨與原創的經營理念，實際體會過開店時間流程後，完整考核通過才有直營資格，讓原創精神能繼續傳承下去。

安得祿烤雞 | 商業模式圖BMC

 **重要合作**

- 養雞場
- 原物料商

 關鍵服務

- 烤全雞
- 烤豬五花肉
- 菲式蔬菜湯
- 香酥炸魚
- 烤肉沙拉
- 炸春捲
- 糖醋奶油蝦
- 烤肉捲
- 各式菲式料理

價值主張

- 講究烤製設備、堅持新鮮雞隻，讓外籍朋友一解鄉愁的菲式烤雞店！

顧客關係

- 主動購買

 客戶群體

- 外籍朋友
- 老饕

 **核心資源**

- 料理技術
- 職人精神
- 環境保護
- 累積人脈
- 外籍人士友善餐廳

渠道通路

- 實體店點
- Facebook
- Instagram

成本結構

- 原物料、人事成本、營運成本、設備採購及維護成本

 收益來源

產品售出收益
異業結盟

創業 Q&A

1.生產與作業管理

每一季度會安排目標計劃,並且採用專人專職的規劃,人事招募、訓練、商圈開發、市場調查…等等。但因爲我們的主力客群是外籍人士,所以在人員的培養也以外籍配偶或在台華僑爲主。

2.人力資源管理

目前正著手中央廚房的工作,最大原因是可更優化及穩定產品的品質,同時也可以在拓展據點時能更有效及快速的執行,估計在2023年可以達成10家直營門市。

3.研究發展管理

目前已完成商標的註冊,我們自己設計的機器設備也正在專利申請中。

安得祿烤雞

tel: 0970-197-711

add: 桃園市中壢區文化二路89號

fb: fb.com/andrewlechonmanokzhongli

陳昭瑜 Joe Chen
老闆

熱情與人情味，喚起記憶深處的古早味
—JOE_SMOOTHIE冰沙

陳昭瑜，JOE_SMOOTHIE冰沙的老闆。熱愛吃冰的他嚐遍各式冰品，唯獨特製的鳳梨冰讓他沒齒難忘，這是他吃過最好吃的冰。於是，常幻想自己是小吃攤老闆的陳昭瑜便運用過往經歷，開啟了成為小吃攤的夢想旅程，他賣的不只是冰，更多的是充滿熱情、溫暖與人情味。

「做我所做，做我所選」，經多見廣的過往

在成為小吃攤老闆以前，陳昭瑜曾擔任陸軍步兵第92期體幹班的上尉連長，臂章上「骷髏頭」圖騰，是曾被訓練的代表、踩躪過的榮譽，退伍後則進軍美髮業14年，陸續拿到彩妝、美髮專業證照，做過電視台主播、舞台劇、新娘造型等等不同經驗。每個行業所需理念及態度有所不同，當職業軍人需被訓練得硬梆梆、要威嚴、有殺氣，退伍後，剛硬的個性讓陳昭瑜磨練了許久才得以融入職場，爾後，在美髮業

工作後才更了解何謂服務業，要與客為友且把顧客放第一順位，要滿足客人的合理需求，又不失自我的專業與堅持。輾轉於各種產業之間，轉變反而讓陳昭瑜獲得不同領域的經驗與專業能力，為日後小吃攤夢想的創業道路奠基。

喚起記憶深處的古早味、傳承小時候的味道

陳昭瑜憶及小時候，母親常會用印有米老鼠的小冰袋，裝滿綠豆湯後冷凍起來當作下課後的

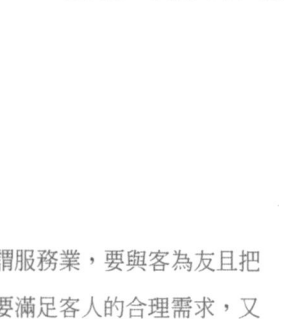

小甜點，雖然簡單、但對於當時小小年紀的陳昭瑜吃起來是既開心又滿足，也成了難忘的兒時回憶。也因此陳昭瑜想保留這樣的概念，便特別請人開模製造包裝冰袋，重現當時的美好回憶，「讓小時候的冰袋長大了」，他希望可以分享給人的是一種有趣、幸福的記憶。

陳昭瑜使用的原料是南投在地小農的土鳳梨，甜中帶酸的土鳳梨、香氣也較濃郁，這樣酸酸甜甜的滋味拿來做鳳梨冰在適合不過了，小火

1. 愛玩客採訪JOE_SMOOTHIE 2. 食尚玩家採訪JOE_SMOOTHIE 3. JOE_SMOOTHIE冰沙的老闆和冰沙推車 4. JOE_SMOOTHIE冰沙是鳳梨原料採用南投在地小農種植
5. 來小朋友都愛喝JOE_SMOOTHIE冰沙 6. JOE_SMOOTHIE冰沙飲料以冰袋包裝 7. 知名歌手蕭敬騰也來捧場 8. 知名藝人安心亞也喜歡JOE_SMOOTHIE冰沙

慢熬的煮法，讓記憶中的「古早味」可以化在嘴裡、喚起回憶，傳承小時候每天課後最期待的味道。

成爲當地家喻戶曉的攤販

兩年前，陳昭瑜第一次在審計新村旁的工地圍牆旁試賣，青澀的喊著口號、看到客人還會面露靦腆，第一次叫賣、陳昭瑜緊張的神情全寫在臉上，舀冰的手也止不住顫抖，但心裡卻是無比的開心、期待、興奮與感激的，更創下從開始到賣完竟不到兩個小時好成績，始料未及的好反饋也讓陳昭瑜更充滿信心與成就感。爾後，陳昭瑜便進駐審計新村的幕幕市集，慕名而來的遊客們不間斷地上門，人氣及排隊人潮蒸蒸日上，更成了市集中的人氣王，儘管工作忙碌，陳昭瑜仍喜歡與客人互動、聊上幾句，不因生意好便改變態度，對於拍照的要求更是來者不拒，漸漸地，大家便開始注意到，審計新村有個熱情滿溢的鳳梨冰店！

流量保證，人手一袋鳳梨冰

從原料製作、面對排隊人潮到包裝出售等一條龍服務陳昭瑜全都一手包辦，也因此市集的攤友為他取了有趣的綽號——「審計葉問」（一個打全部），而隨著人氣暴漲、業績愈來愈好，一到假日更是幾乎全場遊客人手一袋鳳梨冰，陳昭瑜更是多了「審計一哥」、「鳳梨哥」等的稱號，可說是流量保證、審計新村的招牌。

有過以往的豐富的服務業經歷，以及家人們的支持、粉絲的忠實相挺作為陳昭瑜強大的後勤部隊，創業路上一點也不覺得辛苦、更從不喊累，反倒是滿滿的充實與感動。

熱情與態度決定產品的價值

這個世代，外包裝就是商品的門面，奪人眼球的外包裝較容易奪得商機。鳳梨冰的口感、香氣與酸甜恰巧適中，遊客們慕名來拍照打卡，JOE_SMOOTHIE更成為名氣攤位，「笑容」就是陳昭瑜的招牌，現在人互動較冷淡，少了一點親切感與熱情，因此他期許自己不只是賣冰沙，而是一種情感、一份人情味，一種還沒入口、就能感受到甜甜的滋味。

JOE_SMOOTHIE │商業模式圖BMC

 **重要合作**

- 冰行
- 果農

 **關鍵服務**

- 鳳梨冰
- 綠豆冰沙
- 百香鳳梨冰沙

 **價值主張**

- 「傳承記憶中的味道」，選用在地食材細火慢熬，傳承記憶中阿嬤的古早味。

顧客關係

- 主動關係

 **客戶群體**

- 觀光客
- 愛吃冰的人
- 饕客

核心資源

- 特製冰袋包裝
- 用料實在
- 慢熬煮法

渠道通路

- 實體攤位
- Facebook
- Instagram
- 媒體報導
- 購物商城

成本結構

- 原物料、攤位租金

收益來源

產品售出收益

Tip:「笑容」就是招牌，不只是賣產品，而是一種情感、一份人情味。　Tip:不單單只是買賣，氣氛與氛圍的渲染也會影響產品的好壞。

創業 Q&A

1.生產與作業管理

土鳳梨冰沙為主力產品，遵循傳統古法熬製… 讓一份記憶中的「老味道」可以再現。

2.研究發展管理

名稱、LOGO、商標、網域名稱、袋裝冰沙專利。

3.財務管理

工作室的冷凍設備擴建，增加產能產量…

關於這本書的誕生

我們邀請到「我創業我獨角」的總監 Bella 及專案執行 Andy 來訪談這次書籍的起源，以及未來獨角傳媒的走向。 **Andy** 以下簡稱**(A)**, **Bella** 簡稱**(B)**, 採訪編輯 **Flora** 簡稱**(F)**

F: 為什麼會想做獨角傳媒?

A: 我們創辦享時空間,以共享的概念做為發想,期望能創立讓創 業家舒適的環境,也想翻轉傳統對於辦公室租借封閉和沉悶的印象。 而獨角傳媒是以未來可以獨立運行為前提的一個新創事業群。

B: 進駐空間的客戶以創業者和個人工作室為主,我們發現有許多 優秀的企業家,他們的故事都很值得被看見,很多企業的商品、服 務以及他們的創立初衷都很精采。中小企業是台灣經濟的支柱,有很多優秀的新創團隊也正在萌芽,獨角傳媒事業群因此而誕生。

A: 就像 Bella 說的, 目前傳統媒體看到的都是大型企業甚是上市櫃公司企業家的報導,但在那之前每一家初創企業從0到1到100看到的更是精實創業的創業家精神,而獨角的創業家精神,就是讓每一位正走在0到1到100階段的創業家,都能成為新媒體的主角,也正如我們創辦享時空間的初衷就是讓創業者可以幫助創業者。

B: Andy 就像是船長一樣,會帶領我們應該要去的方向,這讓我們很有安心感也清晰自己的目標我們要協助台灣創造出更多的企業獨角獸。

F: 為何會以出版業為主?在許多人認為這已經是夕
陽產業的這個時期?

A: 我們認為書籍的優勢現在還不容易被其他媒材
取代、專業度、信任感以及長尾效應,喜歡翻開紙
本書籍的人也大有人在,市面上也確實有各種類
的創業書籍持續在出版,因此我們認為前景相當
可行。

B: 因為夕陽無限好(笑),就如同Andy哥所說,書籍
的優勢和書本特有的溫度,其實看書的人不如想
像中的少,為了與時俱進,我們同步以電子書和
紙本書籍在誠品金石堂等通路上架,包含製作了
網站預購頁面,還有線上直播,整合線上線下的
優勢,希望以更多元的型態,將價值呈現給大家。

F: 做了業界唯一直播創業故事,這個發想怎麼來的?

A: 先把價值做到,客戶來到空間受訪,感受到我們
對採訪的用心和專業,以及這本書籍的價值和未來
預期的收穫讓企業家親自感受。

B: 過程的演變當然是循序漸進的,一開始的模式跟現
在完全不同!經過一次又次的修改,發現像廣播室或
是帶狀節目的型態 很適合我們想傳達的內容,因此
才有這樣的創業心路歷程的直播。

F: 過程中有遇到什麼困難?

A: 一開始也會有質疑聲浪,也嘗試了很多種方法,過程需要快速調整。但我們仍有信心獨角傳媒會變得越來越強大,獨角聚也是我們很期待的商業聚會,企業家們能夠從中找到能夠合作的對象,或有更多擴展自己事業版圖的機會。

B: 書籍的籌備需要企業家共同協助這過程很不容易,每個人都是很重要的,因為業界有許多不同型態的創業書籍,做全新的模式,許多人一開始不瞭解會誤解我們,透過不斷的調整,希望能跳脫過去大家對於書籍廣告認購模式的想法。

F: 希望透過這件事情,傳遞什麼訊息?

A: 讓對於創業有熱情有想法的年輕人可以獲得更多資源協助。 也能夠讓更多人瞭解商業模式的架構與內容。

B: 提供不同面向的價值,像是我們與環保團體合作為地球盡一份心力,想告訴讀者獨角這家企業出版的成品除了分享,還有提 高的附加價值。台灣有很多很棒的企業故事,企業的前期很需要被看見的機會,因此我們創造這樣的平台協助他們。以消費者的角度,我們也希望購買書籍的人能夠透過這些故事得到更多啟發和刺激,有新的創意發想,幫助想創業的朋友少走一些冤枉路。

F: 那對於我創業我獨角的系列書籍，有甚麼樣的期許呢?

A: 成為穩定出版的刊物，未來一個月一本的方式，計畫做到訂閱制的期刊。

B: 一定要不斷的進化，每一次都要做得比之前更好，目前我們已經專訪過上百家企業，並以指數成長，當大家更認識獨角傳媒和我獨角我創業系列書籍,就可以更有影響力，讓更多有價值的內容透過獨角傳媒發光發熱。

UBC獨角聚
UNIKORN BUSINESS CLUB
不是獨角不聚頭 最佳的商業夥伴盡在UBC

台灣在首次發布的「國家創業環境指數」排名全球第4,表現相當優異,代表台灣的新創能力相當具有競爭力,我們應該對自己更有信心。當看見國家新創品牌 **Startup Isl-and TAIWAN**誕生,透過政府 與民間共同攜手合作,將國家新創品牌推向全球的同時,我們也同樣在民間投入了推動力量,促成**Next Taiwan Startup** 媒體品牌, 除了透過『我創業我獨角』系列書籍,將台灣創業的故事記錄下來, 我們更進一步催生了『UBC獨角聚商務俱樂部』,透過每一期的新 書發表會的同時,讓每一期收錄創業故事的創業家們可以齊聚一堂,除了一起見證書籍上市的喜悅外,也能讓所有的企業主能夠透過彼此的交流,激盪出不同的合作契機,未來每一期的新書發表,也代表每 一場獨角聚的商機,相信不是獨角不聚頭,最佳的商業夥伴盡在獨角聚,未來讓我們一期一會,從台灣攜手走向全世界。

Next Taiwan Startup 品牌故事與願景

「獨角傳媒以紀錄、分享各大行業的奮鬥史為企業使命，每一季遴選200家具有潛力的企業品牌參與創業故事專訪報導，提供創業家一個立足台灣、放眼全球的新媒體平台，希望將台灣品牌推向全球，協助創業家站上國際舞台。截至2021年9月，歷時四個季度，已遴選累積近1000位台灣創業家完成企業專訪，將企業的創業故事及心路歷程，透過新媒體推送至全球各大主流影音媒體平台，讓國際看見台灣人拼搏努力的創業家精神。獨角傳媒總監 羅芷羚表示：「近期政府為強化臺灣新創的國際知名度，國家發展委員會

(國發會)在國家新創品牌 Startup Island T-AIWAN 的基礎上，進一步推動 NEXT BIG 新創明日之星計畫，經由新創社群及業界領袖共同推薦9家指標型新創成為 NEXT BIG 典範代表，讓國際看到我國源源不絕的創業能量，帶動臺灣以 Startup Island TAIWA-N之姿站世界舞台。」 獨角傳媒總監羅芷羚補充：「全台企業有98%是由中小企業所組成的，除了政府努力推動領頭企業躍身國際外，我們是不是也能為台灣在地企業做出貢獻，有鑒於在台創業失敗率極高，如果政府和民間共同攜手努力，相信能幫助更多台灣的

創業家多走一哩路。」因而打造全新一季的台灣在地企業專訪媒體形象「NEXT TAIWA-N STARTUP」，盼能透過百位線上專訪主播的計劃，發掘更多台灣在地的創業故事紀錄，並透過此計畫，分享更多台灣百年的企業品牌的創業經驗傳承。獨角以為專訪並非大型或領先企業的專利，「NEXT TAIWAN STARTUP」 媒體形象，代表是台灣在地的創業家精神，無關品牌新舊大小，無論時代如何，會有一位又一位的台灣創業家，以初心出發力讓這個世界變得更好，而每一個創業家的起心動念都值得被更多人看見。

一書一樹簡介

One Book One Tree 你買一本書│我種一棵樹

為什麼要推動一書一樹計畫? 文化出版與地球環境是共生的,你知道嗎? 在台灣大家都習慣在有折扣條件下購買書籍,有很多實體書店和出版社,正逐漸在消失中!

UniKorn正推動ONE BOOK ONE TREE

一書一樹計畫 - 你買一本原價書,我為你種一棵樹。我們鼓勵您透過買原價書來支持書店和出版社,我們也邀請更多書店和出版社一起加入這個計畫。

我們的合作夥伴 **"One Tree Planted"** 是國際非營利綠色慈善組織,致力於全球的造林事業。**One Tree Planted** 的造林目的是在重建受自然災害和森林砍伐的森林。這不僅有益於大自然和全球氣溫, 還改善因自然災禍受到牽連地區的生態環境。

為什麼選擇植樹造林?

改善氣候變遷和減低碳排放量的最佳方法之一就是植樹。一顆普通熟齡的樹木,每年能夠阻隔48磅碳。隨著全球森林繼續的砍伐和破壞,我們的植樹造林計畫,將會為我們淨化未來幾年的空氣,讓我們能繼續安心的呼吸新鮮空氣。

每預購1本原價書， 我們就爲你在地球種1棵樹。

一本書，可以種下一粒夢想 一顆樹，可以開始一片森林

立卽預購支持愛地球

ONETREEPLANTED
https://onetreeplanted.org

獨角傳媒｜工作夥伴

總監: 羅芷羚 / Bella

職場多工高核心處理器功能 /
喜歡旅遊跟傳遞美好的事物

大到公司決策, 小到心靈 溝通, 挑戰人生
實現夢想。「你們要先求他的國和他的義,
這些東西都要加給你們了。」(Matt 6:33)

專案執行:廖俊愷 / Andy Liao

連續創業尚未出場 / 創業15年 /
奉行精實創業法 / 愛畫商業模式圖

鼓勵每個人一生都要創業一次, 夢想10年
後和女兒 NiNi 一起創業。「我靠著那加給我
力量的,凡事都能做。」(Phil 4:13)

IT部門:李孟蓉 / Gina

被說奇怪會很開心的水瓶座

將創業家的故事以流行的直播方式作為
曝光並以各種影音形式上傳至各大平台,
將各個創業心路歷程及品牌向全世界宣
傳。(心聲:整天關注並求點閱率提高)

採訪編輯：吳沛彤 / Penny

喜歡冥想, 覺得人生就是一場修行,
裹著年輕驅殼的老靈魂

開發各種產業並找到企業的特色與價值,
每天都在發想如何幫助企業主結合群眾。

文字編輯: 蔡孟璇 / Lamber

生活就是球賽 / 歐巴 / 跟一坨貓

上班是文字編輯的雜事處理器, 下班不是在
玩貓貓就是在被貓貓玩, 薪水不是花掉了而
是在貓肚子裡ヽ(ﾉ_ﾚ)ﾉ

特約文字編輯: 廖怡亭 / Kerry

追逐自由自在生活

用文字紀錄追逐夢想與生活溫度,
透過分享讓更多知道他人的創業
歷程與成功心法。

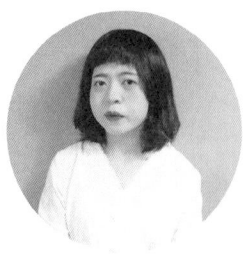

採訪規劃師: 翁若琦/ Lisa

標準哈日族

希望可以透過工作，邀來自己本身也很喜歡的公司或是工作室來到公司分享他們的故事，讓更多人認識他們。

採訪規劃師:吳淑惠/Sandy

喜歡美的事物&品嚐美食

工作上自我要求完美(尤其是績效)為企業主規劃提供專屬的購書計劃以及專業的行銷網路宣傳。

採訪編輯: 賴薇聿/Kelly

喜歡花喜歡花語的巨蟹座

邀約企業主跟開放不一樣的客戶，希望他們在這邊都能在這邊順利完成採訪，也喜歡和客戶聊聊天。

特約文字編輯: 蘇翰揚 / kevin

熱愛科技的產業分析師

透過訪談，來了解中小微型業者在經營上遇到的挑戰與突破困境的策略，將更多成功案例讓其他人參考。

特約文字編輯: 許小芬/Sera

旅遊美食家

藉由多位創業者分享他們的創業過程及甘苦談，也讓我得到很多人生啟發，以及得到更多寶貴的資訊。

特約文字編輯: 劉妍綸 / Lena

崇尚當下、即時行樂者

每位創業主的經驗、故事都是獨一無二的，謝謝獨肉讓我有機會，來與分享這些主角們的生命故事。

獨角主播
Yumi

獨角主播
Amy

獨角主播
美雯

獨角主播
Aaron

獨角主播
大金

獨角主播
Jolie

獨角主播
Erin

獨角主播
Joe

獨角主播
玉馨

獨角主播
Eason

獨角主播
雅雯

獨角主播
雅雯

獨角主播
Angie

獨角主播
小喵

獨角主播
潘潘

獨角主播
Chris

獨角主播
白白

獨角主播
吉慶

獨角主播
尹齡

獨角主播
Taru

獨角主播
Ace

獨角主播
Ysann

獨角主播
Wendy

獨角主播
Vivi

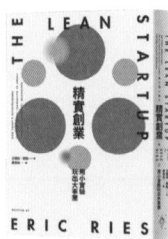    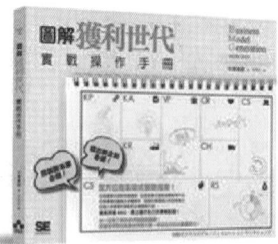

精實創業-用小實驗玩出大事業 The Lean Startup ／ 設計一門好生意 ／ 一個人的獲利模式 ／ 獲利團隊 ／ 獲利時代-自己動手畫出你的商業模式

我創業，我獨角 no.5

#精實創業全紀錄，商業模式全攻略 ————○

UNI**K**ORN Startup ⑤

國家圖書館出版品預行編目(CIP)資料

我創業，我獨角 .no.5 : #精實創業全紀錄，商業模式全攻略
＝ UNIKORN startup. 5/羅芷羚(Bella Luo) 作. -- 初版. --
臺中市西屯區 : 獨角文化出版 : 獨角傳媒國際有限公司發
行，2023.08

　　面；　公分

ISBN 978-986-99756-7-4(平裝)

1. CST : 創業 2. CST : 企業經營 3. CST : 商業管理

4. CST : 策略規劃

494.1　　　　　　　　　　112011095

作者—獨角文化 - 羅芷羚 Bella Luo

系列書籍專案執行—廖俊愷 Andy Liao

採訪規劃—吳淑惠 Sandy、翁若琦 Lisa、
　　　　　吳沛彤 Penny、賴薇聿 Kelly

採訪編輯—吳沛彤 Penny、賴薇聿 Kelly

獨角主播— Yumi、Amy、美雯、Aaron、
　　　　　大金、Jolie、 Erin、 Joe、 玉馨
　　　　　、Eason、雅雯、 Angie、小喵、
　　　　　潘潘、Chris、白白、吉慶、尹齡
　　　　　、Taru 、 Ysann、 Wendy 、Vivi

文字編輯—蔡孟璇 Lamber

特約文字編輯—許小芬 Sera、蘇翰揚 Kevin、
　　　　　　　劉妍綸 Lena、廖怡亭 Kerry

美術設計—薛羽棠 Genie

特約美編—詹薆凌 Phia

影音媒體—李孟蓉 Gina

監製—羅芷羚 Bella Luo

出版—獨角文化

發行—獨角傳媒國際有限公司
　　　台中市西屯區市政路402號5樓之6

發行人—羅芷羚 Bella Luo

電話—(04)3707-7353

e-mail—hi@unikorn.cc

法律顧問—閻維浩律師事務所

著作權顧問—閻維浩律師

總經銷—白象文化事業有限公司

指導贊助—特別感謝 中華民國文化部

製版印刷 初版1刷　2023年8月初版